Andreas Lutz/Christian Bussler

Die Businessplan-Mappe

Andreas Lutz/Christian Bussler

Die Businessplan-Mappe

40 Beispiele aus der Praxis

3., aktualisierte Auflage

Unter Mitarbeit von
Christiane Lehrer

Linde
international

Bibliografische Information der Deutschen Nationalbibliothek
Die Deutsche Nationalbibliothek verzeichnet diese Publikation in der Deutschen Nationalbibliografie; detaillierte bibliografische Daten sind im Internet über http://dnb.d-nb.de abrufbar.

ISBN 978-3-7093-0308-5

Umschlag: buero8
Satz: Hannes Strobl, Satz·Grafik·Design, 2620 Neunkirchen

1210 Wien, Scheydgasse 24, Tel.: 0043/1/24 630
www.lindeverlag.at
www.lindeverlag.de

Druck: Hans Jentzsch & Co. GmbH, 1210 Wien, Scheydgasse 31

Redaktion: Cornelia Rüping

Inhalt

Vorwort 7

I. DER TEXTTEIL IHRES BUSINESSPLANS 9

1. Grundregeln: darauf kommt es beim Schreiben an 10
2. Ihre Visitenkarte: das Deckblatt 13
Beispiel: Kfz-Werkstatt mit Smart-Repair 14
Auf den Punkt gebracht: Basics, Tipps und Tricks 15
Beispiel: Interkulturelles Spanischtraining für Unternehmen 16
3. Auf einen Blick: das Inhaltsverzeichnis 17
Beispiel: Schmuckgeschäft mit eigener Werkstatt 18
4. Für Eilige: die Executive Summary 19
Beispiel: Software-Entwicklung und Beratung 20
Beispiel: Onlineshop für Umstandsmode 24
5. Ihr Vorhaben: Unternehmen und Produkte 27
Beispiel: Handwerksbetrieb im Bereich Elektrotechnik 28
Beispiel: Fundraising-Agentur für gemeinnützige Organisationen 30
Beispiel: Turnierbüro für Pferdesportveranstaltungen 32
Auf den Punkt gebracht: Basics, Tipps und Tricks 35
6. Selbstdarstellung: persönliche Eignung 39
Beispiel: Gussmodelle aus Kunststoff 40
Beispiel: Panasiatisches Schnellrestaurant 42
Beispiel: Physiotherapie für Kinder und psychisch Kranke 44
Auf den Punkt gebracht: Basics, Tipps und Tricks 48
7. Die Kunden verstehen: Ihre Zielgruppen 51
Beispiel: Seniorenbetreuung 52
Beispiel: IT-Dienstleistungen für ältere Internetanfänger, Klein- und Kleinstunternehmen 54
Beispiel: Buchhaltungsservice für Existenzgründer, Steuerberater und kleine Unternehmen 58
Auf den Punkt gebracht: Basics, Tipps und Tricks 61
8. Das Spielfeld für Ihr Business: der Markt 65
Beispiel: E-Mail-Portal für Golfer 66
Beispiel: Italienisches Mittagsrestaurant 70
Beispiel: Veranstaltungstechnik 74
Auf den Punkt gebracht: Basics, Tipps und Tricks 77
9. Die Konkurrenz schläft nicht: der Wettbewerb 79
Beispiel: Seminare zur Flugangstbewältigung 80
Beispiel: Schuhgeschäft für Modebewusste 82
Beispiel: Brillenmanufaktur im Hochpreissegment 84
Auf den Punkt gebracht: Basics, Tipps und Tricks 88

10. Der feine Unterschied: Kundennutzen und Positionierung 89
Beispiel: Lieferservice für Hundenahrung und Schulungen für Hundehalter....... 90
Beispiel: Markenberatung für chinesische Unternehmen 92
Beispiel: Holzdienstleistungen für Zimmereien, Bauträger und Architekten 96
Auf den Punkt gebracht: Basics, Tipps und Tricks..................... 99
11. Los geht's: Vertrieb und Kommunikation............................ 101
Beispiel: Interkulturelles Sprachtraining für Unternehmen 102
Beispiel: Grafikdesign mit Schwerpunkt Druckmedien....................... 106
Beispiel: Unternehmensberatung für Marketing und Vertrieb 110
Auf den Punkt gebracht: Basics, Tipps und Tricks..................... 116
12. Gut aufgestellt: Abläufe und Organisation 119
Beispiel: Internationales Handelsunternehmen 120
Beispiel: Immobilienmakler für Wohn- und Gewerbeobjekte.................. 122
Beispiel: Private Nachmittagsschule 124
Auf den Punkt gebracht: Basics, Tipps und Tricks..................... 128
13. So geht's weiter: Zukunftsperspektiven............................ 131
Beispiel: Software-Entwicklung mit DHTML................................. 132
Beispiel: Cross-Cultural-Coaching mit Schwerpunkt Osteuropa 134
Beispiel: Full-Service-Provider im Personalbereich 136
Auf den Punkt gebracht: Basics, Tipps und Tricks..................... 138

II. DER ZAHLENTEIL IHRES BUSINESSPLANS 141

1. Grundregeln: So kalkulieren Sie richtig.............................. 142
2. Annahmen begründen: Erläuterungen zu den Planzahlen 145
Beispiel: Designbüro... 146
3. Für gute und schlechte Zeiten: Szenarioanalyse 149
Beispiel: Großhandel mit Verpackungsmaterial 150
4. Die Berechnungen im Einzelnen: Finanzplanung........................ 153
Beispiel: Wellness-Massagepraxis 154
5. Die Hürde, die Sie nehmen müssen: der Unternehmerlohn............. 166
Beispiel: Ingenieurbüro für den Anlagenbau............................... 166
Auf den Punkt gebracht: Basics, Tipps und Tricks..................... 168
6. Wenn Sie nicht nach Stunden abrechnen: alternative Umsatzmodelle..... 171
Beispiel: Schulungen für Telefonmarketing und -akquise.................... 172
Beispiel: eBay-Handel mit Elektronikartikeln.............................. 174
Beispiel: Ayurvedisches Gäste- und Seminarhaus........................... 176
7. Ihre Zahlen visualisiert: die grafische Aufbereitung.................. 178
Beispiel: Haushaltshilfe für Singles und berufstätige Paare 178

III. ZUBEHÖR ZUM PLAN: DER ANHANG.................................... 183

Mehr als ein Buch: weitere Serviceleistungen 185
Stichwortverzeichnis 187

Vorwort

Kein Gründer kommt ohne Businessplan aus – ob er Fördermittel beantragen will, sich um einen Bankkredit bemüht oder eine Teamgründung vorbereitet. Doch bei kaum einer Herausforderung ist die anfängliche Unsicherheit so groß: Worauf ist beim Schreiben zu achten? Was erwartet der Adressat? Wie sieht ein gelungener Businessplan aus? Wo lassen sich Ideen und Inspirationen finden? Vielleicht können Ihnen Bekannte mit ihren eigenen Businessplänen helfen. Sie stoßen auch im Internet auf Beispiele oder können Muster bei eBay ersteigern. Aber sind diese Pläne wirklich Vorbilder oder besteht die Gefahr, Fehler anderer zu übernehmen? Können Sie selbst es nicht besser machen? Und verlangt Ihr individuelles Vorhaben nicht eine ganz andere Herangehensweise?
Unternehmensberater können solche Fragen beantworten und Ihnen helfen, Ihren Businessplan von Anfang an richtig zu schreiben. Damit sparen Sie sich viel Zeit und fühlen sich sicherer. Um gezielt und sinnvoll Expertenrat einzuholen, arbeiten Sie sich erst einmal in die Materie ein. Lesen Sie, was andere in ihren Businessplänen geschrieben haben und welches Feedback wir als Gründungsberater dazu gegeben haben.
In unserem Buch finden Sie 40 Auszüge aus Businessplänen verschiedenster Branchen. Sie alle stammen von Existenzgründern, mit denen wir in den vergangenen Jahren zusammengearbeitet haben. Unsere Kommentare geben wieder, was an den jeweiligen Ausführungen gelungen ist – und was der Verfasser oder die Verfasserin auch anders, besser hätte machen können. Wir möchten Ihnen dadurch ein Gefühl für die typischen Fehler beim Schreiben von Businessplänen vermitteln, damit Sie diese bei Ihrem Vorhaben von vornherein vermeiden können. Vor allem aber werden Sie erfahren, wie Sie einen Berater oder Prüfer zu zustimmendem Kopfnicken veranlassen. Nämlich indem Sie ihm durch Ihre Herangehensweise und Ihren Businessplan zeigen, dass Sie verstanden haben, worauf es ankommt.
Wir bedanken uns bei allen Gründern, die es uns gestattet haben, Auszüge aus ihren Businessplänen in diesem Buch zu veröffentlichen. Einige Namen haben wir auf Wunsch der Verfasser hin geändert. Falls Sie mehr über die Unternehmer hinter den Businessplänen wissen möchten, besuchen Sie uns auf www.jeder-ist-unternehmer.de/bpmappe2. Dort stellen wir einige der Gründer in einem kurzen Portrait vor.

Unser Dank gilt auch Timo Kohlberg, Max Hilgarth, Andreas Jaburg, Christoph Luber, Gabor Toth, Björn-Achim Schmidt, Hans-Jörg Zeese, Bernd Niemeyer, Marcus Mencke-Haan, Harald Ludwig, Karl-Heinz Kramer und Cornelia Rüping für ihre wohlwollende Unterstützung bei der Entstehung dieses Buches.

Andreas Lutz, Christian Bussler und Christiane Lehrer

München, im März 2010

I. Der Textteil Ihres Businessplans

Ein Businessplan beginnt mit dem Textteil. Darin beschreiben Sie ausführlich Ihre Geschäftsidee mit allen wichtigen Details. Ziel ist es, dem Adressaten – das können Mitarbeiter einer Arbeitsagentur, die fachkundige Stelle, ein Banker, andere Geldgeber oder ein potenzieller Geschäftspartner sein – zu vermitteln, was genau Sie planen. Zudem führen Sie aus, inwiefern sich Ihr Vorhaben auf dem Markt gegen die Wettbewerber durchsetzen kann und wie Sie Kunden für Ihre Produkte oder Ihre Dienstleistung gewinnen werden.

Wir haben unser Buch so gestaltet, dass Sie der Reihenfolge der Kapitel einfach folgen können, um Ihren Businessplan von vorne nach hinten zu schreiben. Die Inhalte bauen aufeinander auf. Einzige Ausnahmen bilden das Inhaltsverzeichnis und die Executive Summary, die eine Zusammenfassung des ganzen Businessplans darstellt und die Sie erst ganz zum Schluss verfassen sollten.

1. Grundregeln: Darauf kommt es beim Schreiben an

Ihre Geschäftsidee ist über Wochen und Monate hinweg gereift. Nun wollen Sie sich an den Textteil Ihres Businessplans machen und Ihre Gedanken zu Papier bringen. Behalten Sie dabei die folgenden Regeln im Hinterkopf, um sich die Arbeit zu erleichtern und ein gutes Ergebnis zu erzielen.

Leserorientierung

Der Businessplan kann sich – wie bereits erwähnt – an unterschiedliche Leser richten. Je nachdem, für wen Sie Ihren Businessplan in erster Linie schreiben, sollten Sie entsprechende inhaltliche Schwerpunkte setzen. Während Arbeitsagenturen und Banken hauptsächlich auf die Tragfähigkeit Ihres Zahlenteils schauen, sind Ihrem möglichen Geschäftspartner wahrscheinlich die Details zu Markt, Wettbewerb, Vertrieb und Kommunikation wichtiger. Lassen Sie sich aber nicht dazu verleiten, einen Teil der Ausführungen zugunsten eines anderen bei der Recherche und inhaltlich zu vernachlässigen.

Denken Sie auch daran, dass die wenigsten Leser den gleichen Wissensstand über Ihre Branche haben wie Sie. Stellen Sie deshalb relevante Zusammenhänge so einfach wie möglich dar und erklären Sie Fachbegriffe in allgemeinverständlicher Weise. Vermitteln Sie, dass Sie von sich und Ihren Absichten überzeugt sind. Bleiben Sie dabei aber sachlich und übertreiben Sie nicht.

Formatierungen

Um eine gute Lesbarkeit des Textes zu gewährleisten, achten Sie auf eine einheitliche Formatierung und wählen Sie eine gut lesbare Schriftart (zum Beispiel Arial oder Times New Roman). Als Größe empfiehlt sich für die meisten Schriftarten 12 Punkt und als Zeilenabstand 1,15 oder 1,5 Zeilen. Vergessen Sie nicht, Seitenzahlen einzufügen.

Klarheit

Ziel ist es, dass Ihr Businessplan am Ende ein in sich stimmiges Gesamtdokument darstellt. Der Textteil führt auf den Zahlenteil hin, was heißt, dass der Leser die im Textteil eingeführten Sachverhalte in quantitativer Form auch im Zahlenteil wiederfinden sollte. Die Beschreibung Ihrer Büroräume im Textteil sollte also beispielsweise zu der Miete passen, die Sie im Zahlenteil angeben.

Um für Klarheit zu sorgen, erläutern Sie Konzepte und Begriffe, die eventuell mehrdeutig oder misszuverstehen sind, zunächst und verwenden diese anschließend immer in der gleichen Bedeutung. Behalten Sie zum Beispiel die einmal eingeführten Bezeichnungen für Ihre Produkte oder Ihre Zielgruppen im gesamten Text bei. Nehmen Sie lieber Wiederholungen in Kauf, statt den Leser mit einer Vielzahl an Synonymen zu verwirren.

Achten Sie auch darauf, dass Sie möglichst präzise formulieren. Bei komplexen Sachverhalten kann das sehr viel Raum einnehmen. Belassen Sie es aber nicht bei Andeutungen, sondern überlegen Sie jeweils, was eine Aussage für das Verständnis des Konzeptes bedeutet. Ist sie wichtig, stellen Sie die Inhalte ausführlich dar, ansonsten lassen Sie sie lieber ganz weg. Vermeiden Sie unbedingt schwammige Formulierungen wie „… und Sonstige“, „eine Vielzahl von“ oder „und vieles mehr“, denn sie vermitteln keinen Inhalt.

Zielausrichtung

Richten Sie Ihre Argumentation darauf aus, die Tragfähigkeit Ihres Geschäftsmodells zu begründen. Es gilt nachzuweisen, dass der erzielte Gewinn dauerhaft ausreichen wird, um Ihre Lebenshaltungskosten zu decken. Konzentrieren Sie sich daher bei Ihren Ausführungen auf das Wesentliche und fragen Sie sich beim Schreiben immer wieder: Was ist für den Adressaten wirklich relevant, damit er Ihr Geschäftskonzept verstehen kann? Prüfen Sie genau, ob jeder Absatz Ihres Businessplans diesem Zweck dient.

Perspektive

Ihnen als Autor steht es frei, den Businessplan in erster Person (Ich- oder Wir-Form) oder in dritter Person zu verfassen („er" oder „sie"). Erfahrungsgemäß ist es einfacher, die Ich- oder Wir-Form durchzuhalten. Die meisten Einzelgründer entscheiden sich für dieses Vorgehen, während bei Teamgründungen eher in der dritten Person formuliert wird.

Textumfang

Wie umfangreich der Plan ausfällt, hängt zum einen von dem oder den Adressaten, zum anderen von der Komplexität Ihres Geschäftsmodells ab. In der Praxis hat sich gezeigt, dass ein Plan, der einer Arbeitsagentur vorgelegt wird, meist acht bis 15 Textseiten umfasst. Für Banken geschriebene Businesspläne bringen es leicht auch auf 40 Seiten und mehr. Dabei nehmen die einzelnen Kapitel unterschiedlich viel Raum ein. Bei einem Umfang von 15 Seiten haben die einzelnen Kapitel typischerweise folgende Längen:

	Textseiten
Executive Summary	1
Unternehmen und Produkte	2
Persönliche Eignung	1
Zielgruppen	2
Markt	2
Wettbewerb	2
Kundennutzen und Positionierung	1
Vertrieb und Kommunikation	2
Abläufe und Organisation	1
Zukunftsperspektiven	1

Spannungsbogen

Zur Reihenfolge der Kapitel eines Businessplans gibt es keine feste Norm. Wir haben die oben angeführte Struktur gewählt, weil die Kapitel so optimal aufeinander aufbauen. Dieses Vorgehen ermöglicht es Ihnen, durch den ganzen Businessplan hindurch eine stimmige Spannungskurve aufzubauen.

- Im Kapitel *Unternehmen und Produkte* beschreiben Sie zum einen Ihre Geschäftsidee, zum anderen Ihr Angebot.
- Unter *Persönliche Eignung* stellen Sie dar, warum Sie geeignet sind, dieses Vorhaben zu realisieren.
- Die Beschreibung der *Zielgruppen* legt dar, welche Kundenkreise Sie ansprechen möchten. Die hier eingeführte Segmentierung zieht sich durch den ganzen restlichen Businessplan hindurch.

- In den Ausführungen zum *Markt* gehen Sie darauf ein, in welchem Umfeld Ihr Unternehmen und Ihre Kunden aufeinandertreffen.
- Unter dem Punkt *Wettbewerb* wird beschrieben, welche anderen Unternehmen sich schon im Markt bewegen und wie sich diese um die Kunden bemühen.
- Beim Thema *Kundennutzen und Positionierung* stellen Sie dar, wie Sie sich gegen die Wettbewerber behaupten und die Wünsche der Kunden erfüllen. Hierbei arbeiten Sie Ihre Stärken am deutlichsten heraus, der Businessplan erreicht seinen „Höhepunkt".
- Die Ausführungen zu *Vertrieb und Kommunikation* gehen darauf ein, wie Sie die Kunden auf sich aufmerksam machen und ihre Gunst gewinnen.
- In der Passage zu *Abläufe und Organisation* erläutern Sie, wie Ihr Unternehmen aufgestellt ist, um Ihre Geschäftsidee umzusetzen.
- Was Sie zum Thema *Zukunftsperspektiven* schreiben, zeigt, auf welches Ziel Sie langfristig zusteuern. Hier stellen Sie auch dar, welche Chancen Ihr Vorhaben birgt und welche Risiken Sie an der Zielerreichung hindern könnten.

2. Ihre Visitenkarte: das Deckblatt

Für den ersten Eindruck gibt es keine zweite Chance. Gestalten Sie das Deckblatt Ihres Businessplans deshalb besonders sorgsam. Grundsätzlich haben Sie dabei zwei Möglichkeiten.
Im ersten Fall enthält das Deckblatt zahlreiche formale Angaben. Dabei spielen die Leitfragen im Kasten auf dieser Seite eine Rolle. Für den Leser hat das den Vorteil, dass er alle wichtigen Adressdaten (Gründer, Arbeitsagentur, fachkundige Stelle) sowie Ihr Anliegen (Gründungszuschuss, Einstiegsgeld, Kredit) auf einen Blick erfassen kann. Ein Beispiel dieser Variante finden Sie auf Seite 14.
Im zweiten Fall hat das Deckblatt eher den Charakter einer Schmuckseite. Hier steht das Design im Vordergrund, und es werden nur die wichtigsten formalen Angaben gemacht: Titel des Gründungsvorhabens, Name sowie Kontaktdaten des Verfassers und das Erstellungsdatum. Alles Weitere entnimmt der Leser dem Text oder den Anlagen. Ein entsprechendes Beispiel finden Sie auf Seite 16.
Für welche Variante Sie sich entscheiden, ist Geschmackssache und bleibt Ihnen überlassen.

Leitfragen

- **Worum geht es genau?**
- **Beantragen Sie Förderung wie Gründungszuschuss, Einstiegsgeld oder Beratungsförderung?**
- **Beantragen Sie einen Kredit? Wenn ja, in welcher Höhe?**
- **Wer hat den Businessplan verfasst?**
- **Wie sind Sie bei Rückfragen oder für die Vereinbarung eines Gesprächstermins am besten zu erreichen?**
- **Zu welchem Zeitpunkt gründen Sie?**
- **Wann wurde der Businessplan fertiggestellt?**
- **Für wen ist der Businessplan bestimmt beziehungsweise wer hat den Businessplan geprüft?**
- **Bei welcher Institution wird der Businessplan eingereicht?**

Beispiel: Kfz-Werkstatt mit Smart-Repair

Businessplan

zur Eröffnung einer

Kfz-Werkstatt mit Smart-Repair

Antrag auf Gründungszuschuss
Gründungsdatum: 15. Mai 200_

Agentur für Arbeit Bad Homburg
Kd.-Nr. 075A307806
Frau Winter, Tel. 06172 123456

Verfasst von

Hermann Kreitmeier
Friedrichsdorfer Straße 132
61352 Bad Homburg
Tel. privat: 06172 123456
Tel. Geschäft: 06172 123456
Mobil 0170-123456
H. Kreitmeier@xyz.de

Fachkundige Stelle

Christian Bussler
gruendungszuschuss.de
Haidenauplatz 1
81667 München
Tel. 089 44409445
Fax 089 44409446
bussler@gruendungszuschuss.de

Erstellt im März 200_

Auf den Punkt gebracht: Basics, Tipps und Tricks

Das Deckblatt ist keine Formalie, die sich noch schnell ganz am Schluss erledigen lässt. Machen Sie sich rechtzeitig Gedanken darüber, wie der Titel Ihres Businessplans lauten soll, denn auch davon hängt ab, wie überzeugend Sie Ihre Geschäftsidee vermitteln. Überlegen Sie zudem rechtzeitig, welche Telefonnummer und E-Mail-Adresse Sie für Ihr Unternehmen verwenden wollen.

Aussagekräftiger Titel

Wählen Sie für Ihren Businessplan einen möglichst aussagekräftigen und präzisen Titel, der den Leser sofort erkennen lässt, worum es in Ihrem Geschäftskonzept geht. Anstatt zu schreiben „Konzept zur Eröffnung eines Schuhgeschäfts", ergänzen Sie den Titel zum Beispiel um Ihr Alleinstellungsmerkmal, Ihre Positionierung, Ihren Produktschwerpunkt, Ihre Zielgruppe oder den Standort. Ideen: „... mit Sektbar", „... Discount-Schuhgeschäfts", „... mit dem Schwerpunkt Kinderschuhe", „... mit Zielgruppe Damen ab 50", „... in der Europa-Passage".

Geschäftsnummer

Bei einem ISDN-Anschluss können Sie für eine geringe einmalige Gebühr bis zu zehn Rufnummern beantragen. Ordnen Sie Ihrem Privatbereich und Ihrer Geschäftstätigkeit jeweils eigene Telefon- und Faxnummern zu, auch wenn Sie im Home-Office starten. Das erleichtert den Nachweis der geschäftlichen Telefonkosten gegenüber dem Finanzamt und ermöglicht es Ihnen, zwischen beruflichen und privaten Anrufern zu unterscheiden. Außerdem können Sie so bei einem späteren Umzug in ein Büro oder in eine Bürogemeinschaft die geschäftlichen Nummern auf den neuen Anschluss legen lassen. Dann brauchen Sie Ihre Kunden und Geschäftspartner nicht mit einer Änderung zu konfrontieren und erhalten keine geschäftlichen Anrufe mehr nach Hause.
Beim Mobiltelefon ist es anders: Aus Kostengründen und um nicht ständig zwei Handys bei sich haben zu müssen, benutzen die meisten Gründer und Selbständigen nur eines.

E-Mail-Adresse

E-Mail-Adressen bei GMX, Hotmail oder web.de wirken auf Dauer unprofessionell. Das gilt erst recht, wenn die Anbieter Werbebanner in die E-Mails einfügen. Legen Sie sich deshalb gleich von Anfang an Ihre eigene Domain zu. Wenn Sie sich bereits für einen Firmennamen entschieden haben, nutzen Sie diesen auch als Domainnamen (www.firmenname.de). Sind Sie noch nicht so weit, verwenden Sie einfach Ihren eigenen Namen, gegebenenfalls mit einem Zusatz, zum Beispiel www.name.de, www.vorname-nachname.de oder www.name-coaching.de.
Selbst wenn Sie noch kein Geld in die Entwicklung einer eigenen Website investieren möchten, können Sie die Adresse zum E-Mail-Empfang nutzen, zum Beispiel info@domainname.de. Eine Domain mit E-Mail-Funktion kostet rund 20 Euro pro Jahr.

Beispiel: Interkulturelles Spanischtraining für Unternehmen

Konzept zur Gründung von

abecé

**Interkulturelles Spanischtraining
für Unternehmen**

Felicidad Bueno Muñoz
Franz-Wolter-Straße 12
81925 München

Tel.: +49 (0) 89 12345678
Fax: +49 (0) 89 12345678
e-Mail: bueno@abece-spanisch.de
Internet: www.abece-spanisch.de

3. Auf einen Blick: das Inhaltsverzeichnis

Ob Sie einen kurzen oder langen Businessplan verfassen – das Inhaltsverzeichnis hilft dem Leser, sich schnell in Ihrem Dokument zu orientieren und bestimmte Abschnitte gezielt ausfindig zu machen. Am besten erstellen Sie es erst, nachdem Sie alle anderen Bestandteile Ihres Plans geschrieben haben.

Die meisten Textverarbeitungsprogramme enthalten eine Funktion, mit der das Inhaltsverzeichnis automatisch erstellt werden kann. Voraussetzung dafür ist, dass Sie den Überschriften die entsprechende Formatvorlage („Überschrift 1", „Überschrift 2" usw.) zuweisen. Denn so erkennt das Programm, welche Textbereiche es in das Inhaltsverzeichnis übernehmen soll. Die Nummerierung – sowohl der Überschriften als auch im Inhaltsverzeichnis – erfolgt dann automatisch, wie Sie es vorab festgelegt haben. Wenn Sie sich unsicher in der Anwendung sind, fragen Sie in Ihrem persönlichen Netzwerk nach, wer Sie unterstützen könnte. Wenn Sie einmal wissen, wie es geht, sparen Sie auch in Zukunft eine Menge Zeit.

Bei der Gestaltung des Inhaltsverzeichnisses können Sie sich an Ihrem Geschmack orientieren. Achten Sie jedoch darauf, dass es tatsächlich auf der aktuellen Version Ihres Dokuments aufbaut, also die richtigen Überschriften und Seitenzahlen wiedergibt. Wählen Sie die Anzahl der angezeigten Gliederungsebenen so, dass das Inhaltsverzeichnis in jedem Fall auf eine Seite passt.

Erstellen Sie Ihr Inhaltsverzeichnis mit *Microsoft Word*, so wählt das Programm automatisch eine Formatierung mit Times New Roman in der Größe 12 Punkt und mit 1,5-fachem Zeilenabstand (bei älteren Word-Versionen beträgt der Abstand eine Zeile). Haben Sie sich aber insgesamt für eine andere Schriftart und -größe sowie einen größeren Zeilenabstand entschieden, sollten Sie auch das Inhaltsverzeichnis entsprechend umformatieren.

Gleiches gilt in *Word* für die Seitenzahlen, die ebenfalls in Times New Roman eingefügt werden. Um die Formatierung der Seitenzahlen zu ändern, klicken Sie eine beliebige Seitenzahl mit einem Doppelklick an. Markieren Sie anschließend die Seitenzahl und stellen Sie die gewünschte Schriftart ein. Sie können auch über sogenannte Formatvorlagen die Schriftart und -größe von Überschriften, Text, Seitenzahlen usw. im gesamten Dokument festlegen.

Leitfragen

- **Welche Kapitel umfasst der Businessplan?**
- **Wie viel Raum nehmen die einzelnen Themen im Businessplan ein?**
- **Wo sind welche Informationen zu finden?**

Beispiel: Schmuckgeschäft mit eigener Werkstatt

Geschäftsmodell

Das Gründerteam Maria Weigand und Frank Schätzler bietet in seinem Ladengeschäft nicht nur selbst hergestellten Gold- und Silberschmuck an, sondern auch Werkstücke renommierter Hersteller und hochwertige Accessoires.

Inhaltsverzeichnis

1. Executive Summary 5
2. Unternehmen und Produkte 6
    2.1 Eigener Schmuck
    2.2 Schmuck von Drittherstellern
    2.3 Accessoires
3. Persönliche Eignung 8
    3.1 Maria Weigand
    3.2 Frank Schätzler
4. Zielgruppen 9
    4.1 Modebewusste Kundinnen
    4.2 Wertbewusste Kundinnen
5. Markt 11
6. Wettbewerb 13
    6.1 Ladengeschäfte im Umkreis
    6.2 Versandhandel/Internet
7. Kundennutzen und Positionierung 15
    7.1 Umfassendes Leistungsangebot
    7.2 Einzigartiges Design
8. Vertrieb und Kommunikation 16
    8.1 Vertriebswege
    8.2 Kommunikationsmaßnahmen
9. Abläufe und Organisation 17
    9.1 Geschäftsführung und Mitarbeiter
    9.2 Herstellung und Reparatur
    9.3 Verkauf
    9.4 Buchführung und Steuerberatung
10. Zukunftsperspektiven 19
    10.1 Chancen
    10.2 Risiken
    10.3 Meilensteine
11. Erläuterungen zu den Planzahlen 21
12. Zahlenteil 22
    12.1 Szenarioanalyse
    12.2 Kapitalbedarfsplan
    12.3 Finanzierungsplan
    12.4 Umsatzplan
    12.5 Kostenplan
    12.6 Rentabilitätsplan
    12.7 Liquiditätsplan
13. Anhang 28
    13.1 Lebenslauf
    13.2 Zeugnisse
    13.3 Gesellschaftervertrag
    13.4 Gewerbeanmeldung
    13.5 Firmenbroschüre

4. Für Eilige: die Executive Summary

Entscheider bei Banken und anderen Geldgebern haben für die Erstbeurteilung eines Geschäftskonzepts oft nur wenige Minuten Zeit. Sie orientieren sich dann an der Executive Summary, in der Sie knapp und überzeugend Ihr Geschäftsmodell und seine Erfolgsaussichten dargestellt haben. Formulieren Sie Ihre „Management-Zusammenfassung" so prägnant, dass sie Interesse beim Leser weckt und ihn zum Weiterlesen animiert. Halten Sie den Umfang unter zwei Seiten und bringen Sie das Wesentliche klar zum Ausdruck.

Wenn Sie einen Bankkredit beantragen, ist eine ausgefeilte Executive Summary zwingend notwendig. Bei selbstfinanzierten Gründungen stehen Sie unter keinem so starken Druck. Machen Sie sich trotzdem die Mühe: Mit solch einer knappen Zusammenfassung sorgen Sie dafür, dass der Businessplan leichter lesbar wird, und Sie sammeln Sympathiepunkte bei den Prüfern.

Obwohl die Executive Summary an den Anfang Ihres Businessplans gehört, schreiben Sie sie besser zum Schluss. Denn erst wenn Sie sich intensiv mit den Einzelheiten Ihres Geschäftskonzepts beschäftigt haben, sind Sie in der Lage, es in knappen Worten zu Papier zu bringen. Die Executive Summary stellt die Essenz Ihres gesamten Businessplans dar. Nehmen Sie sich deshalb ausreichend Zeit für die Ausarbeitung.

Leitfragen

- **In welcher Branche möchten Sie mit welchem Produkt beziehungsweise mit welcher Dienstleistung tätig werden?**
- **Über welche besonderen Kompetenzen verfügt die Geschäftsleitung?**
- **Welche sind Ihre wichtigsten Zielgruppen?**
- **Wie stellt sich die Marktsituation dar und welche Potenziale bietet der adressierte Zielmarkt?**
- **Welche Stärken und Schwächen haben Ihre relevanten Wettbewerber?**
- **Wie heben Sie sich von der Konkurrenz ab? Welchen besonderen Nutzen stiftet Ihr Produkt beziehungsweise Ihre Dienstleistung für die Zielkunden? Was ist Ihr Alleinstellungsmerkmal?**
- **Welche sind die wichtigsten Vertriebskanäle? Wie sprechen Sie Ihre Zielgruppen an? Wie schaffen Sie den Markteintritt?**
- **Wie ist Ihr Unternehmen strukturiert?**
- **Welche Chancen und Risiken bestehen? Wie sieht Ihr Realisierungsfahrplan aus?**
- **Wie hoch sind die zu tätigenden Investitionen? Wie hoch schätzen Sie Umsatz, Kosten und Gewinn in den ersten Jahren ein?**

Beispiel: Software-Entwicklung und Beratung

Geschäftsmodell
Max Conrad unterstützt Unternehmen bei der Entwicklung und Pflege von Internetanwendungen sowie anderer Software auf Basis verschiedener Programmiersprachen.

1. Executive Summary

Tag der Gründung: 1. Januar 200_
Rechtsform: Einzelunternehmung

Unternehmen und Produkte

Das Unternehmen mit Hauptsitz in München bietet die Entwicklung und Pflege von (Web-)Anwendungen auf Basis der Programmiersprachen PHP, Perl und Ruby an. Einzelne Dienstleistungen sind Software-Entwicklung, Beratung für quelloffene Systeme (Open Source) und die Eigenentwicklung von Systemen. Der Stundensatz liegt je nach Anspruch des Projekts zwischen 40 Euro und 60 Euro.

Persönliche Eignung

Über zehn Jahre Erfahrung in Programmiersprachen und Anstellungen bei drei namhaften Unternehmen (Amazon, Tiscali, Sixt) zählen zu den branchenspezifischen Eignungen des Gründers. Betriebswirtschaftliche Grundlagenkenntnisse werden durch Weiterbildungen bei der Industrie- und Handelskammer (IHK) und einem Coaching bei gruendungszuschuss.de erweitert. Motivation für die nun beschlossene Selbständigkeit ist das Beenden der Abhängigkeit von einzelnen Arbeitgebern.

Zielgruppen

Kerngebiet des Unternehmens ist der Großraum München, ansonsten werden Dienstleistungen in ganz Deutschland erbracht. Die Kundengruppe besteht sowohl aus kleinen und mittelständischen Unternehmen (ab einer Mitarbeiterzahl von etwa 100) als auch aus Großunternehmen und internationalen Konzernen. Die Bedürfnisse der Kunden werden durch schnelle Bearbeitung und Durchführung von Projekten und mit fairen Preisen befriedigt.

Markt- und Wettbewerbssituation

Nach einer Prognose des Branchenverbandes Bitkom wird das Umsatzwachstum in der IT-Branche im Jahr 200_ einen Wert von 2,4 Prozent erreichen. Am Markt sind sowohl Systemhäuser als auch einzelne Anbieter als Konkurrenten zu sehen. Diese setzen Profilseiten sowie Internetplattformen und Projektbörsen (Gulp.de) als Marketinginstrumente ein. Die Preisspanne der Wettbewerber bewegt sich zwischen 30 Euro und 100 Euro pro Stunde.

Alleinstellungsmerkmal

Ziel ist es, mit preiswerten Methoden eine schnelle Entwicklung bei hoher Qualität zu gewährleisten, was auch in der Außendarstellung besonders unterstrichen werden soll. Gegenüber Wettbewerbern werden Vorteile in der Positionierung erreicht, da der Einsatz von zwei verschiedenen Technologien (Skriptsprachen und Hochsprachen) ein besonderes Alleinstellungsmerkmal darstellt.

Unser Feedback

Die Executive Summary von Herrn Conrad stellt eine kapitelweise Zusammenfassung seines Businessplans dar. Herr Conrad übernimmt dafür die Struktur des restlichen Plans und gibt unter den jeweiligen Überschriften die Kapitelinhalte in Kurzform wieder. Diese Form der Executive Summary ist verhältnismäßig einfach zu erstellen und reicht für wenig komplexe Vorhaben aus.
Achten Sie darauf, dass die Zusammenfassung für sich selbst spricht und der Leser nicht in den entsprechenden Kapiteln nachschlagen muss, um den Inhalt zu verstehen.

Tipp

Nummerieren Sie Kapitel und Unterkapitel

Erleichtern Sie dem Leser die Orientierung in Ihrem Dokument und nummerieren Sie die Kapitel Ihres Businessplans sowie die jeweiligen Unterkapitel durch. Die geläufigste Nummerierungsform ist eine Gliederung mit arabischen Zahlen. Beispiel:

1. Executive Summary
2. Unternehmen und Produkte
2.1 Geschäftsmodell
2.2 Unternehmenssitz und Rechtsform
3. Persönliche Eignung
3.1 Berufsausbildung/Weiterbildungen
3.2 Fachliche Qualifikation
etc.

Beispiel: Software-Entwicklung und Beratung (Fortsetzung)

Vertrieb und Kommunikation

Neben persönlichen Weiterempfehlungen von Kunden werden das Werben auf Suchmaschinen (Google) und die Nutzung von Internetplattformen (Xing) als Kommunikationsmittel eingesetzt. Zum Markteintritt sind Anschreiben und besondere Angebote (Sonderkonditionen) an bestehende und potenzielle Kunden (Firmen) die entsprechenden Marketinginstrumente.

Abläufe und Organisation

Außer der Anschaffung eines PCs (Laptop) ist die notwendige Büroinfrastruktur vorhanden. Die professionelle Umsetzung der Buchhaltung wird durch einen Steuerberater gewährleistet. Eine langfristige Mitarbeiterkalkulation (speziell freie Mitarbeiter bei möglicher Auslagerung von Projekten) bietet Planungssicherheit.

Chancen und Risiken

Als Chance der Gründung ist die mögliche Akquise von Großprojekten mit einer Projektdauer von mehr als sechs Monaten zu sehen, was ebenfalls zu einer erhöhten Planungssicherheit führen würde. Risiken stellen ein allgemeiner Preisverfall am IT-Markt und eine vermehrte Auslagerung von Dienstleistungen ins Ausland dar.

Zukunftsperspektiven

Eine Erhöhung von Kundenzahlen kann in der Zukunft durch vermehrte Weiterempfehlungen von Kunden und Durchführung von Projekten unter eigener Leitung erfolgen. Der Umsatz kann durch Wartungs- und Serviceverträge und die Wiederverwendung von bestehenden Systemen gesteigert werden. Das Ergebnis vor Steuern liegt im ersten Jahr bei 39.706 Euro, im zweiten bei 48.880 Euro und im dritten bei 53.360 Euro.

Unser Feedback (Fortsetzung)

Die Executive Summary als Fließtext

Sie beantragen einen Kredit? Oder Ihr Geschäftsplan richtet sich an Adressaten, die Sie in knapper Form von Ihrem Vorhaben überzeugen wollen? Dann denken Sie etwas abstrakter und geben Sie dem Leser nicht nur eine Zusammenfassung der Inhalte zu lesen. Zeigen Sie darüber hinaus die übergeordneten Zusammenhänge zwischen den Kapiteln auf und stellen Sie dar, inwieweit die Erfolgsfaktoren einander bedingen.

Um dies zu erreichen, verfassen Sie am besten einen zusammenhängenden Fließtext, in dem Sie die Kernaussagen der Kapitel neu verknüpfen. Hierbei sind Sie nicht an die Gliederungsstruktur des restlichen Businessplans gebunden, sondern Sie können die einzelnen Punkte entsprechend Ihrem Argumentationsfluss anders anordnen. Auch von der Gewichtung der Inhalte im restlichen Plan dürfen Sie sich lösen. So braucht zum Beispiel das Thema „Markt" in Ihrer Executive Summary nicht den größten Platz einzunehmen, nur weil es im Businessplan mehrere Seiten füllt.

Beispiel: Onlineshop für Umstandsmode

Geschäftsmodell

Über eine Onlineplattform bietet die Gründerin Maria Nastri werdenden Müttern Umstandsmode an.

1. Executive Summary

Die Gründerin Maria Nastri wird eine Onlineplattform für den Verkauf von Umstandsmoden gründen. Angeboten wird modisch schicke, qualitativ hochwertige und preislich attraktive Bekleidung für werdende Mütter. Bezogen werden die Waren direkt von den Herstellern.

Für die Kundinnen bietet der Vertrieb der Ware über das Internet mehrere Vorteile:

- Schnelle Übersicht über vielseitiges Angebot
- Beste Vergleichsmöglichkeiten betreffend Preis und Qualität
- Einkaufen von zu Hause aus (Zeiteinsparung)
- Keine Bindung an Ladenschlusszeiten
- Zahlung des Artikels über Internet (Homebanking) möglich
- Lieferung der Ware direkt nach Hause
- Rückgaberecht gemäß dem Fernabsatzgesetz

Das Sortiment soll, nachdem sich das Unternehmen auf dem deutschen Markt etabliert hat, ausgebaut werden. Angestrebt ist eine Erweiterung des Sortiments in Richtung Babybekleidung. So können einmal gewonnene Kundinnen länger an das Unternehmen gebunden werden. Die durch die Erstbestellung generierten Daten können zur aktiven Akquise eingesetzt werden. Hosting und Vertrieb werden vom Home-Office aus betrieben.

Die Verkaufszahlen von Umstandbekleidung haben durch die rückläufige Geburtenrate in Deutschland ein negatives Wachstum. Dennoch wachsen die Umsätze in diesem Bereich stetig, da hochpreisigere Ware gekauft und mehr auf Qualität und Schick geachtet wird.

Die Gründerin ist aufgrund ihrer Ausbildung und Berufserfahrung fachlich hervorragend für das Gründungsvorhaben geeignet. Durch ihre letzte Tätigkeit im Angestelltenverhältnis als Substitutor bei einer führenden deutschen Textilhandelskette ist sie auch mit kaufmännischen Aspekten des Einzelhandels bestens vertraut.

Der Kapitalbedarf für die Erstinvestitionen ist mit 4.000 Euro relativ gering. In diesem Betrag sind 2.000 Euro für den Warenerstbestand enthalten. Im ersten Geschäftsjahr wird mit einer Umsatzgröße von ca. 41.000 Euro gerechnet. Diese Zahl kann in den Folgejahren durch die gestiegene Bekanntheit und die bessere Marktdurchdringung auf 83.700 Euro im zweiten Geschäftsjahr beziehungsweise auf 91.000 Euro im dritten Geschäftsjahr gesteigert werden.

Unser Feedback

Anders als Herr Conrad verfasst Frau Nastri ihre Executive Summary als durchgängigen Fließtext und gewichtet dabei die einzelnen Themen unterschiedlich. In den einzelnen Abschnitten beschreibt sie die wichtigsten Aspekte aus den Kapiteln:

- Unternehmen und Produkte
- Kundennutzen
- Zukunftsperspektiven
- Markt
- Persönliche Eignung
- Kapitalbedarf und erwarteter Umsatz

Bei diesem Vorgehen löst sich die Gründerin von der im restlichen Plan gewählten Reihenfolge der Kapitel und gliedert die Inhalte neu. Durch das Herausgreifen der wichtigsten Punkte wird die Essenz des Geschäftsvorhabens noch klarer.
Frau Nastri könnte allerdings die Übergänge zwischen den Abschnitten etwas fließender gestalten. So wäre bei einer Überarbeitung darauf zu achten, dass die Argumentationslinie klarer verdeutlicht, welche Zusammenhänge zwischen den einzelnen Komponenten des Geschäftskonzepts bestehen und wie sich diese gegenseitig beeinflussen.

Tipp

Lassen Sie sich beraten

Spezialisierte Gründungsberater bieten professionellen Rat und Unterstützung beim Schreiben eines Businessplans an. Diese Dienstleistungen sind deswegen so wertvoll, weil Sie dabei auf die Erfahrung eines Experten zurückgreifen können. Er oder sie weiß genau, welche Anforderungen an einen Businessplan gestellt werden.
Mit einem entsprechenden Coaching verfassen die meisten Gründer ihren Geschäftsplan wesentlich schneller und formulieren zielgerichteter. Außerdem ist ein guter Berater ein wichtiger Gesprächspartner, mit dem Sie Ihre Ideen und Vorstellungen diskutieren können und der Ihnen Tipps aus der Praxis gibt. Gründungs- und Aufbauberatung in der Vorbereitungsphase sowie während der ersten Jahre nach der Gründung werden mit öffentlichen Fördergeldern unterstützt. Das bedeutet, dass 50 bis 100 Prozent des Honorars von öffentlichen Stellen übernommen werden.
Hilfe bei der Auswahl eines kompetenten Beraters erhalten Sie unter www.jeder-ist-unternehmer.de/beratung.

5. Ihr Vorhaben: Unternehmen und Produkte

Beginnen Sie damit, den Leser mit Ihrer Geschäftsidee und den angebotenen Produkten oder Dienstleistungen vertraut zu machen. Zentral ist dabei das sogenannte Geschäftsmodell. Es besagt, auf welche Weise Sie Umsätze generieren, also wofür Sie letztendlich Geld verlangen. Handelt es sich in Ihrem Fall beispielsweise um Produktion, Handel, Dienstleistung, Vermietung oder Vermittlung?
An dieser Stelle ist es wichtiger, dem Leser grundsätzlich verständlich zu machen, wie Ihr Unternehmen funktioniert, als viele Details darzustellen. Auch wenn Sie selbst eine ganze Menge über Ihr eigenes Geschäft wissen: Bedenken Sie immer, dass Sie beim Leser keine spezifischen Branchenkenntnisse voraussetzen können.
Darauf folgen die Eckdaten Ihrer Gründung: Rechtsform, Gründungsdatum und Standort. Wie ausführlich Sie darauf eingehen, hängt von Ihrem Vorhaben ab: Für die Gastronomie zum Beispiel ist der Standort wichtiger als für eine mobile Dienstleistung.
Gehen Sie dann zur Beschreibung Ihrer Produkte beziehungsweise Dienstleistungen über. Werden Sie dabei so konkret wie möglich, verlieren Sie sich jedoch nicht in technischen Details. Stellen Sie schließlich die von Ihnen angestrebte Preisgestaltung dar. Falls Sie verschiedene Produkte oder Dienstleistungen anbieten, sollten Sie herausarbeiten, mit welchen davon Sie voraussichtlich den größten Umsatz erzielen.

Leitfragen

- **Was ist der Unternehmensgegenstand? In welcher Branche sind Sie tätig?**
- **Welche Dienstleistungen/Produkte bieten Sie an?**
- **Zu welchem Preis beziehungsweise Honorar werden die Produkte/Dienstleistungen angeboten?**
- **Was verkaufen Sie: Stück, Stunden, Tage, Zeilen, Seiten, Kilometer usw.?**
- **Wann wird das Unternehmen gegründet?**
- **Welche Rechtsform wählen Sie?**
- **Wo ist der Standort Ihres Unternehmens? Warum wurde dieser gewählt?**

Beispiel: Handwerksbetrieb im Bereich Elektrotechnik

Geschäftsmodell

Der gelernte Elektroinstallateur und Handwerksmeister Roland Fries macht sich nach einem langjährigen Angestelltenverhältnis mit einem Handwerksbetrieb im Bereich Elektrotechnik selbständig.

2. Unternehmen und Produkte

Mein Unternehmen befasst sich mit der [1] Ausführung von Elektroarbeiten, die grundsätzlich vor Ort beim Kunden erfolgt.

Die Firma wird zum 01. April 200_ gegründet und hat ihren Sitz in München in meinem Einfamilienhaus in der Augustenfelderstraße 25d. Das Büro, in dem sämtliche Angebote und Rechnungen geschrieben [2] werden, befindet sich im Keller. Es ist 12 m^2 groß und komplett ausgestattet mit Rechner, PC, Drucker und Faxgerät.

Das Lager befindet sich im Anbau der Garage. Hier werden Werkzeuge und Maschinen sowie wichtige Materialien wie Kabel, Leerrohre, Schalter, Steckdosen usw. gelagert.

Das Unternehmen [2] wird als Einzelfirma geführt und fokussiert sich auf Privatkunden und Hausverwaltungen im Großraum München.

Das Leistungsspektrum umfasst Sat- und Sprechanlagen, Antennenbau, Neu- und Umbau, Beleuchtungstechnik, elektrische Torantriebe, Solaranlagen, Kundendienst und Boilerentkalkungen.

Mein Stundenlohn beträgt 34,76 Euro netto.

Unser Feedback

1 Knappe Darstellung reicht

Die Unternehmensdarstellung ist zwar kurz, im Fall von Herrn Fries jedoch völlig angemessen und gut gelungen. Da das Berufsbild des Elektroinstallateurs sehr bekannt ist und der Beruf zudem durch die Handwerksordnung geregelt wird, ist es legitim, sich bei der Beschreibung der Geschäftsidee etwas kürzer zu fassen. Dies gilt generell für gängige Handwerksberufe. Anders ist das bei Tätigkeiten, die entweder weniger bekannt sind oder die sich in kein einheitliches Berufsbild einfügen, zum Beispiel (Web-)Design, Seniorenbetreuung oder Coaching. Hier ist eine genauere Beschreibung des Unternehmens und der angebotenen Dienstleistungen/Produkte erforderlich.

2 Firma

Wie viele Gründer spricht Herr Fries von seiner „Firma“ und meint damit sein Unternehmen. Das ist zwar umgangssprachlich geläufig, genaugenommen jedoch nicht korrekt. Unter dem Begriff „Firma“ (vom lateinischen Wort „firmare“, das „beglaubigen“, „befestigen“ bedeutet) versteht man nach dem deutschen Handelsrecht den *Namen* eines in das Handelsregister eingetragenen Betriebs. Dieser selbst wird als Unternehmen, Betrieb oder – bei mehreren Personen – Gesellschaft bezeichnet.

Fazit

Die Unternehmens- und Produktpräsentation von Herrn Fries enthält in ihrer Kürze alle wichtigen Informationen und bringt die wesentlichen Aspekte auf den Punkt. Eine gut gelungene, solide Darstellung!

Tipp

Streichen Sie diese Wörter aus Ihrem Businessplan

Unvollständige Aufzählungen, die mit Begriffen wie „diverse“, „zahlreiche“, „verschiedene“, „sonstige“ oder den Abkürzungen „usw.“, „etc.“, „u. v. m.“, „u. a.“ aufgefüllt werden, sollten Sie grundsätzlich vermeiden. Ihre Aussagen werden hierdurch unpräzise und Sie riskieren, dass der Leser Sie nicht richtig versteht. Nur in den wenigsten Fällen können Sie davon ausgehen, dass sich der Leser die fehlenden Punkte selbst zusammenreimen wird.

Beispiel: Fundraising-Agentur für gemeinnützige Organisationen

Geschäftsmodell

Die Fundraising-Agentur von Vincenzo Raimondo generiert Geld- und Sachspenden für Vereine, Stiftungen und gemeinnützige Organisationen, die vor allem im Bereich Kinder- und Jugendhilfe tätig sind.

2. Unternehmen und Produkte

2.1 Geschäftsmodell

1

Gegenstand der Agentur ist die Generierung von Geld- und Sachspenden für gemeinnützige Organisationen. Dazu wende ich mich mit Spendenbriefen, Onlinemailings und besonderen Veranstaltungen an die Öffentlichkeit.

2.2 Unternehmenssitz und Rechtsform

2

Die Fundraising-Agentur Vincenzo Raimondo soll zum 01. Oktober 200_ gegründet werden und hat ihren Hauptsitz in Ludwigshafen am Rhein. Eine Niederlassung wird zudem in Dresden (Kretschmerstraße 13) bei dem gemeinnützigen Verein „Kindervereinigung Dresden" eröffnet. Die Rechtsform des Unternehmens ist die gewerbliche Einzelunternehmung, mittelfristiges Ziel ist die Umwandlung in eine Gesellschaft mit beschränkter Haftung (GmbH).

2.3 Umfang der Dienstleistungen

3

Der Umfang meiner Dienstleistungen für potenzielle Auftraggeber ist in Kommunikation, Akquise und Spendengenerierung unterteilt.

Die Kommunikation beinhaltet Direktmarketing, Werbe- und PR-Maßnahmen sowie konzeptionelle Arbeit für Aktionen und Veranstaltungen. Dabei wird ein Profil entwickelt, welches die sozialen und kulturellen Anliegen der beauftragenden Organisation darstellt. Auch eine Einbindung Prominenter ist in vielen Fällen sinnvoll.

Die Akquisetätigkeit dient der Erreichung von Spendern und Sponsoren. Dazu wird eine detaillierte Zielgruppendefinition und -analyse vorgenommen (Näheres zur Zielgruppe unter „Zielgruppe der Auftraggeber"). Um ein langfristiges Verhältnis zwischen Auftraggeber und Spender zu erreichen, werden der Aufbau und die Pflege einer Adressdatenbank vorangetrieben. Diese garantiert ein professionelles Kontaktmanagement und die Bindung der Spender.

Die Spendengenerierung kann durch Buß- und Strafgelder, testamentarische Spenden, Sachmittelspenden und Zeitspenden ehrenamtlicher Mitarbeiter erfolgen. Neben den klassischen Formen setze ich neue Spendeninstrumente wie SMS-Spenden oder Onlinespenden ein. Zur Umsetzung dieser Methoden arbeite ich mit Spezialisten und Agenturen wie der Müller Media KG in Dresden zusammen. Einsatz und Verwaltung der gesammelten Mittel bedürfen einer maßvollen Budgetplanung und -kontrolle.

2.4 Preise der Dienstleistungen

4

Die Preise werden auf Grundlage von Dienstleistungsverträgen individuell vereinbart, wobei ein Stundenhonorar von 50 bis 80 Euro die Kalkulationsgrundlage bildet. Auch eine prozentuale Beteiligung an Spendeneinnahmen ist üblich und möglich. In der Regel liegt diese erfolgsabhängige Quote bei drei Prozent.

Unser Feedback

1 **Gute Gliederung**

Durch die Unterüberschriften ist das Unternehmensprofil sehr gut strukturiert und für den Leser angenehm zu lesen.

2 **Unvollständige Angaben**

Beim Unternehmenssitz hat Herr Raimondo unvollständige Adressdaten angegeben. Außerdem fehlen zusätzliche Angaben zu seinen Arbeitsräumlichkeiten, insbesondere für den Hauptsitz.

3 **Vom Groben zum Feinen**

Die Frage nach dem Leistungsangebot hat Herr Raimondo sehr ausführlich und eingehend beantwortet. Besonders gut gelungen ist, dass er dabei vom Groben zum Feinen geht. Zunächst nennt er seine Dienstleistungen und beschreibt anschließend detailliert die Bereiche Kommunikation, Akquise und Spendengenerierung.

4 **Spanne beim Tageshonorar**

Bei den Preisen sollte noch erklärt werden, wovon die Höhe des Stundenhonorars im Einzelfall abhängt. Ist es Verhandlungssache, ob der Kunde 50 oder 80 Euro bezahlt, oder gelten für verschiedene Dienstleistungen unterschiedliche Stundensätze? Welche Gründe auch gelten, der Gründer sollte sie kurz darstellen.

Fazit

Das Beispiel ist sinnvoll strukturiert, übersichtlich gegliedert und klar formuliert. Herr Raimondo liefert alle Informationen, die ein Außenstehender braucht, um sein Geschäftsmodell zu verstehen. Ausdrucksstarke Unterüberschriften und knappe Absätze erleichtern die Arbeit beim Schreiben und helfen später dem Leser, den Überblick zu bewahren.

Tipp

Fügen Sie ein Foto Ihrer Büroräume und Produkte hinzu

Oft ist es sehr aufwendig, das eigene Büro mit all seiner Ausstattung zu beschreiben. Statt vieler Worte können Sie auch einfach ein Foto Ihres Büros in Ihren Businessplan einfügen. Das Bild sollte einen guten Gesamtüberblick über den Raum und die darin vorhandenen Arbeitsutensilien geben. Vor allem bei Geschäften mit Ladenfront bietet ein Foto eine gute Gelegenheit, dem Leser vor Augen zu führen, wo sich die künftige Geschäftstätigkeit abspielen wird.

Wenn Sie eine überschaubare Anzahl an Produkten anbieten, können Sie hiervon ruhig Bilder einfügen. Eine Beschreibung der Produkteigenschaften, wie sie in unseren Beispielen dargestellt ist, ersetzt dies allerdings nicht! Achten Sie darauf, dass die wichtigsten Details auch im Ausdruck deutlich erkennbar sind.

Beispiel: Turnierbüro für Pferdesportveranstaltungen

Geschäftsmodell
Klaus-Peter Anders möchte seine 25-jährige Erfahrung im Reitsport für eine berufliche Selbständigkeit nutzen. Er plant die Eröffnung eines Turnierbüros zur Organisation von Pferdesportveranstaltungen unterschiedlicher Art.

2. Unternehmen und Produkte

Der Gegenstand des Unternehmens ist zum einen die Vorbereitung, Durchführung und Nachbereitung von Pferdesportveranstaltungen [1] in den Disziplinen Dressur-, Spring- und Vielseitigkeitsreiten sowie Fahren. Zum anderen umfasst er die dazugehörende Pressearbeit mit Vor- und Nachberichterstattung in örtlicher oder auch überregionaler Presse.
Die Durchführung ist in freiberuflicher [2] Tätigkeit in 06686 Dehlitz, Güntersdorfer Straße 14, geplant. Hier kann [3] die meiste Arbeit erledigt werden (Vorbereitung, Organisation, Nachbereitung), auch ein großer Teil der Pressearbeit ist hier möglich. Während [4] der Veranstaltung ist natürlich die Anwesenheit vor Ort notwendig.

Folgende Leistungen werde ich den Turnierveranstaltern anbieten: [5]

- Veranstalterberatung
- Terminabstimmung und Aufnahme in den Terminplan des LV Pferdesport
- Einladung von Turnierfunktionären
- Erarbeitung der Ausschreibung, Weiterleitung an die genehmigenden Stellen
- Annahme der Papier- und Online-Nennungen mit finanzieller Kontrolle, Aufbereitung entsprechender Unterlagen für den Veranstalter
- Weiterleitung der erforderlichen Unterlagen an die Deutsche Reiterliche Vereinigung
- Erarbeitung des Zeitplans und der Preisrichtereinteilung in Abstimmung mit dem jeweiligen Veranstalter
- Kontakt mit den Turnierteilnehmern und -funktionären, Versendung der Zeiteinteilungen
- Aufarbeitung und Bereitstellung des sportlichen Teils der Programmheftunterlagen
- Während des Turniers Erstellung der Start- und Ergebnislisten inklusive Bereitstellung der erforderlichen Unterlagen
- Unterstützung der Veranstalter bei der finanziellen Abrechnung der Teilnehmer und den übergeordneten Stellen
- Übergabe der Ergebnislisten an die notwendigen Stellen
- Pressearbeit vor, während und nach der Veranstaltung

Je nach Veranstalter werden alle oder auch nur ein Teil dieser aufgeführten Punkte bearbeitet. Die Preise für diese Leistungen können frei vereinbart [6] werden. Für einige Leistungen gibt es in den Gebührenordnungen der jeweiligen LV entsprechende Richtsätze.

vorher

Unser Feedback

1 **Hinführung zum Thema**

Lesern mit wenigen Kenntnissen im Reitsport fällt es womöglich schwer, das Unternehmenskonzept von Herrn Anders zu verstehen. Daher sollte er einleitend das Umfeld seiner Unternehmensgründung beschreiben. Auch die Frage, welchen Mehrwert das Unternehmen am Markt erbringt, sollte noch beantwortet werden.

2 **Freiberuflich oder gewerblich?**

Häufig verwechseln Gründer Freiberuflichkeit und gewerbliche Tätigkeit. So auch Herr Anders: In seinem Fall handelt es sich nicht um eine freiberufliche, sondern um eine gewerbliche selbständige Tätigkeit. Zu den freien Berufen zählen nur bestimmte „Dienstleistungen höherer Art“, die in der Regel ein einschlägiges Hochschulstudium voraussetzen (mehr dazu ab Seite 35f.).

3 **Gründungsdatum fehlt**

Zu der Vorstellung des eigenen Unternehmens gehören formale Angaben zu Unternehmenssitz, Rechtsform (bei Gesellschaften mit Nennung der Gesellschafter beziehungsweise Geschäftsführer) und Gründungsdatum. Letztere sollte Herr Anders noch hinzufügen.

4 **Arbeitsräumlichkeiten**

Die Beschreibung des Unternehmenssitzes könnte Herr Anders noch verbessern, indem er die Arbeitsräumlichkeiten darstellt. Befindet sich in der Güntersdorfer Straße 14 ein Arbeitszimmer in einem Privathaus oder ein angemietetes Büro? Diese Angaben sind von Bedeutung, da die damit verbundenen Zahlungen die Kostenstruktur des Unternehmens beeinflussen.

5 **Unübersichtliches Leistungsangebot**

Die Auflistung der Leistungen ist unübersichtlich und sehr detailliert. Herr Anders läuft dadurch Gefahr, dass der Leser nicht alle Punkte ausreichend wahrnimmt. Besser ist es, die Aufzählung mit Unterüberschriften zu gliedern, etwa anhand der groben Kategorien Vorbereitung, Durchführung und Nachbereitung. Diese werden näher erläutert oder mit aussagekräftigen Stichpunkten versehen. Dabei ist keine große Detailtiefe erforderlich, denn im Kapitel „Abläufe und Organisation“ wird dargestellt, wie genau die Leistungen erbracht werden.

6 **Konkrete Preisgestaltung**

Wichtig für den Businessplan ist, mit welchen Umsätzen pro Stunde oder Tag Herr Anders rechnet. Die erwähnten Richtsätze sind also entsprechend umzurechnen. Alternativ kann Herr Anders auch eine Preisliste anfügen, die im Anhang gut aufgehoben wäre.

Fazit

Die Ausführungen des Gründers lassen sich verbessern. Dabei ist zu berücksichtigen, dass die meisten Leser mehr Hintergrundinformationen zum Reitsport brauchen. Den Arbeitsalltag von Herrn Anders kann sich der Leser auch noch nicht vorstellen. Ergänzen sollte er zudem Angaben zur Preisgestaltung, damit die Planwerte im Zahlenteil nachvollziehbar werden.

Beispiel: Turnierbüro für Pferdesportveranstaltungen

2. Unternehmen und Produkte

Der Gegenstand des Unternehmens ist zum einen die Vorbereitung, Durchführung und Nachbereitung von Pferdesportveranstaltungen in den Disziplinen Dressur-, Spring- und Vielseitigkeitsreiten sowie Fahren. Zum anderen umfasst er die dazugehörende Pressearbeit mit Vor- und Nachberichterstattung in örtlicher oder auch überregionaler Presse.
Hintergrund meiner Unternehmenstätigkeit ist folgende Situation im professionellen Turniergeschäft: Aufgrund der stark gestiegenen Anzahl der in ganz Deutschland und vor allem in Sachsen durchgeführten Reitsportveranstaltungen hat die Deutsche Reiterliche Vereinigung vor einigen Jahren das Meldestellenprogramm „Toris" (Turnier-, Organisations- und Informationssystem) eingeführt.
Das Programm ist jedoch sehr umfassend, und die Feinheiten des Computerprogramms lassen sich erst durch ständige Benutzung herausfinden. Da das Zeitbudget bei den durchführenden Vereinen und vor allem die Zahl der Helfer immer knapper werden, gehen viele Veranstalter dazu über, diesen Bereich des Turniers in professionelle Hände zu geben. Hier sehe ich meine Chance, mich am Markt erfolgreich zu positionieren.
Die Durchführung ist ab dem 01. September 200_ in selbständiger Tätigkeit in 06686 Dehlitz, Güntersdorfer Straße 14, geplant. In dem Einfamilienhaus, das ich mit meiner Familie bewohne und das sich in meinem Eigentum befindet, verfüge ich über ein 30 m^2 großes Büro. Hier kann die meiste Arbeit erledigt werden (Vorbereitung, Organisation, Nachbereitung), zudem ein großer Teil der Pressearbeit. Während der Veranstaltung ist natürlich die Anwesenheit vor Ort notwendig.
Meine Leistungen, deren Ablauf ich im Kapitel „Abläufe und Organisation" detailliert darstelle, umfassen drei Phasen:

Vorbereitung
- Planung der Veranstaltung und Erledigung aller Formalitäten in Abstimmung mit den Turnierverantwortlichen
- Bereitstellung des sportlichen Teils der Programmheftunterlagen
- Pressearbeit

Durchführung
- Erstellung der Start- und Ergebnislisten
- Bereitstellung der erforderlichen Unterlagen
- Unterstützung der Veranstalter bei der Abrechnung

Nachbereitung
- Übergabe der Ergebnislisten an die notwendigen Stellen
- Pressearbeit

Je nach Veranstalter werden alle oder auch nur ein Teil dieser aufgeführten Punkte bearbeitet. Mein Tagessatz beträgt 120 Euro, wobei hier ein Verhandlungsspielraum von zehn Prozent einkalkuliert ist. Für einige Leistungen gibt es in den Gebührenordnungen der jeweiligen Leistungsverzeichnisse entsprechende Richtsätze (siehe Anhang).

Auf den Punkt gebracht: Basics, Tipps und Tricks

Sie wollen Ihr Unternehmen und Ihre Produkte pointiert beschreiben? Dann setzen Sie den „Elevator Pitch" ein, um die Reaktionen von Bekannten und potenziellen Kunden zu erfahren. Nehmen Sie außerdem Ihre Geschäftsidee noch einmal hinsichtlich Gewerblichkeit und Namenswahl unter die Lupe, damit Sie sich keine Blöße geben, wenn Sie Ihre Geschäftsidee darstellen.

So schärfen Sie Ihr Unternehmensprofil: der Elevator Pitch

Ob Ihre Geschäftsidee ausgereift und fokussiert genug ist, können Sie mit einer einfachen Übung testen: dem „Elevator Pitch". Nehmen Sie hierzu ein Blatt Papier zur Hand oder – noch besser – machen Sie die Übung mit Freunden oder Bekannten in mündlicher Form:

1. Stellen Sie sich vor, Sie treffen im Aufzug einen potenziellen Kunden und haben während der Fahrt 30 Sekunden Zeit, ihm Ihr Vorhaben zu erläutern und sein Interesse zu wecken.
2. Wenn Sie die erste Aufgabe gelöst haben, denken Sie darüber nach, welche Fragen Ihnen der Kunde daraufhin stellen könnte. Überlegen Sie sich für jede eine Antwort, die wiederum nicht länger als 30 Sekunden in Anspruch nimmt.

Derartige 30-Sekunden-Statements helfen Ihnen dabei, die wichtigsten Eckpunkte Ihres Unternehmensprofils sowie die überzeugendsten Produkt- und Dienstleistungseigenschaften herauszuarbeiten. Stellen Sie die entscheidenden Details in Ihrem Kapitel zu „Unternehmen und Produkte" entsprechend heraus.
Auch bei Ihrer zukünftigen Unternehmertätigkeit wird Ihnen der „Elevator Pitch" von Nutzen sein. Denn manchmal haben Sie tatsächlich nicht mehr als 30 Sekunden Zeit, um einen potenziellen Kunden von Ihrer Geschäftsidee zu überzeugen.

Werden Sie eine gewerbliche oder eine freiberufliche Tätigkeit ausüben?

Wenn Sie diese Frage noch nicht korrekt beantworten können, finden Sie hier die notwendigen Informationen dazu. Diese Angabe in Ihrem Businessplan muss stimmen, zudem bestehen wichtige Unterschiede: Freiberufler müssen kein Gewerbe anmelden und sind von der Gewerbesteuer befreit. Alles in allem spart sich ein Freiberufler gegenüber dem Gewerbetreibenden viel bürokratischen Aufwand.
Die Freiberuflichkeit ist ein Privileg, das der Gesetzgeber damit begründet, dass „auf der Grundlage besonderer beruflicher Qualifikationen oder schöpferischer Begabung" Dienstleistungen höherer Art erbracht werden.
Eindeutig freiberuflich sind *Katalogberufe* (gemäß § 18 Abs. 1 Nr. 1 Einkommensteuergesetz):

- Heilberufe: Ärzte, Zahnärzte, Tierärzte, Heilpraktiker, Krankengymnasten, Hebammen, Heilmasseure, Diplompsychologen
- Rechts-, steuer- und wirtschaftsberatende Berufe: Rechtsanwälte, Patentanwälte, Notare, Wirtschaftsprüfer, Steuerberater, Steuerbevollmächtigte, beratende Volks- und Betriebswirte, vereidigte Buchprüfer
- Naturwissenschaftliche/technische Berufe: Vermessungsingenieure, Ingenieure, Handelschemiker, Architekten, Lotsen, hauptberufliche Sachverständige
- Informationsvermittelnde Berufe/Kulturberufe: Journalisten, Bildberichterstatter, Dolmetscher, Übersetzer, Wissenschaftler, Künstler, Schriftsteller, Lehrer und Erzieher

Dieser Katalog wurde im Jahr 1960 erstellt und seitdem nicht verändert, allerdings hat die Rechtsprechung ihn um die *den Katalogberufen ähnlichen Tätigkeiten* erweitert. Bei der Anerkennung, ob eine Tätigkeit in diese Gruppe gehört, kommt es darauf an, ob es eine vergleichbare staatlich anerkannte und geregelte Ausbildung oder ein Hochschulstudium gibt. Studienabbrechern und Quereinsteigern – auch solchen mit einem abgeschlossenen Studium in einem anderen Fachgebiet – wird das Freiberuflerprivileg häufig verweigert.

Wenn Ihre Tätigkeit nicht als Katalog- oder ähnlicher Beruf anerkannt wird, können Sie noch prüfen, ob es sich um einen *Tätigkeitsberuf* handelt. Was hierunter fällt, ist nicht durch eine vorgeschriebene Ausbildung oder durch staatliche Prüfungen definiert, sondern es muss eine selbständig ausgeübte wissenschaftliche, künstlerische, schriftstellerische, unterrichtende oder erziehende Tätigkeit vorliegen. Entscheidend dabei ist, was genau Sie tun. Die Qualität Ihrer Tätigkeit ist gegebenenfalls durch ein Gutachten nachzuweisen, zum Beispiel um eine künstlerische Tätigkeit von „bloßem" Kunsthandwerk abzugrenzen.

Finden Sie heraus, ob Ihre künftige Tätigkeit unter das Freiberufler-Privileg fällt, und holen Sie gegebenenfalls den Rat Ihres Steuerberaters ein. Mit Ausnahme von Tätigkeiten in der Land- und Forstwirtschaft sind alle anderen selbständig ausgeübten Tätigkeiten gewerblich. Dazu gehören ganz eindeutig:

- Industrielle Fertigung, Handwerk und handwerksnahe Berufe mit Ausnahme künstlerischer Tätigkeiten
- Groß- und Einzelhandel (allgemein der Verkauf von Produkten)
- Vertreter, Vermittler, Agenturen, einschließlich Geld- und Vermögensberatung (im Allgemeinen die Vermittlung gegen Provision)
- Gastronomie und Hotellerie

Wenn Sie als Freiberufler auch mit gewerblichen Tätigkeiten Gewinn erwirtschaften, kann bereits ein Umsatzanteil von wenigen Prozent zur Gewerblichkeit des gesamten Unternehmens führen. Unabhängig von der Branche, der sie angehören, gelten zudem sämtliche Kapitalgesellschaften, darunter auch alle GmbHs, qua Rechtsform als gewerblich.

Der richtige Unternehmensname

Um am Markt auftreten zu können, müssen Sie Ihrem Unternehmen einen Namen geben. Hierbei ist eine Reihe rechtlicher Rahmenbedingungen zu beachten. Ihre Geschäftspartner sollen schon am Namen erkennen, mit welcher Rechtsform sie es zu tun haben und wie folglich die Haftungsverhältnisse aussehen. Auch dürfen Sie keinen falschen Eindruck erwecken, insbesondere was die Rechtsform und Größe Ihres Unternehmens betrifft. Vorsicht ist deshalb bei Städte- und Ländernamen sowie Begriffen wie „AG", „Gesellschaft", „Holding" und „Partner" geboten. Außerdem darf keine Verwechslungsgefahr mit vorhandenen Unternehmen bestehen.

Nicht in das Handelsregister eingetragene Unternehmen

Einzelunternehmer und Gesellschaften bürgerlichen Rechts (GbR) sind nicht verpflichtet, sich in das Handelsregister einzutragen. In der Namensgebung sind sie gegenüber eingetragenen Unternehmen etwas eingeschränkt.

Als Einzelunternehmer müssen Sie mit Ihrem Vor- und Zunamen auftreten, wobei mindestens ein Vorname ausgeschrieben zu sein hat. Ihrem Namen dürfen Sie eine „Geschäfts- oder Etablissementbezeichnung" hinzufügen, die inzwischen auch Fantasienamen und sogar Buchstabenkürzel enthalten darf. Beispiele für zulässige Unternehmensbezeichnungen:

„Vincenzo Raimondo“
„Vincenzo Raimondo, Fundraising-Agentur“
„ABC Fundraising, Vincenzo Raimondo“
„Vincenzo Raimondo, Donate now“

Es ist üblich, den Namenszusatz auf dem Briefpapier durch ein Logo oder eine spezielle typografische Gestaltung hervorzuheben. Vor- und Zuname sollten dann aber gleich darauf deutlich lesbar folgen.

Tipp

Ist Ihr Wunschname noch frei?
Prüfen Sie, ob Ihr Wunschname bereits unter www.telefonbuch.de vorkommt, und nutzen Sie die kostenlose Recherche unter www.handelsregister.de. Seien Sie auch bei ähnlichen Bezeichnungen vorsichtig. Denn falls dadurch Verwechslungsgefahr mit einem anderen Unternehmen besteht, kann Ihnen der bisherige Nutzer die Namensverwendung untersagen. Ob eine Verwechslungsgefahr vorliegt, hängt von der Branche sowie davon ab, ob Sie lokal in denselben Märkten wie die andere Firma tätig sind. Auch für das Markenregister des Deutschen Patent- und Markenamts unter https://dpinfo.dpma.de/ können Sie auf Antrag kostenlos ein Login erhalten. Der dort registrierte Markenschutz für einen Namen gilt übrigens entweder für eine oder mehrere der 45 Leitklassen (Branchen).

Für den Namen einer GbR ist vorgegeben, dass alle Vor- und Zunamen aller Gesellschafter angegeben sind. Die Rechtsform „GbR“ kann, muss aber nicht genannt sein. Ansonsten gilt das bereits über den Namen des Einzelunternehmers Gesagte. Beispiele:
„Hans Meier und Gerd Schneider GbR, Bekleidungseinzelhandel“
„Blue Shark Fashion, Hans Meier und Gerd Schneider“

In das Handelsregister eingetragene Unternehmen
Wenn Sie sich freiwillig ins Handelsregister eintragen lassen, können Sie auch als Einzelunternehmer darauf verzichten, Ihren Vor- und Zunamen anzugeben. Stattdessen hängen Sie „eingetragener Kaufmann“ oder „e. K.“ an, beispielsweise: „Donate now e. K.“ Hintergrund für diese Regelung: Ihre Geschäftspartner können sich im Handelsregister über Sie informieren. Allerdings ist die Kaufmannseigenschaft mit einer Reihe zusätzlicher Pflichten verbunden und von daher für kleinere Unternehmen eher unattraktiv. GmbHs, OHGs und KGs müssen immer ins Handelsregister eingetragen werden. Genau wie der eingetragene Kaufmann genießen sie große Freiheiten bei der Namenswahl, müssen aber immer die Rechtsform anhängen wie etwa in „Donate now GmbH“.

6. Selbstdarstellung: persönliche Eignung

Ob sich eine Geschäftsidee erfolgreich umsetzen lässt, hängt maßgeblich vom Gründer oder Gründerteam ab. Das Ziel des Kapitels „Persönliche Eignung“ ist es, den Leser von Ihren Qualifikationen für und Ihrem Willen zur Selbständigkeit zu überzeugen. Legen Sie daher dar, dass in der Unternehmensleitung neben der fachlichen Kompetenz kaufmännisches Know-how vorhanden ist. Beziehen Sie also auch organisatorische, unternehmerische und verkäuferische Fähigkeiten mit ein.
Wichtig ist, dass Ihre Selbstdarstellung eine andere Perspektive vermittelt als der Lebenslauf. Der befindet sich im Anhang und ist streng chronologisch aufgebaut. Wenn es um Ihre persönliche Eignung geht, ordnen Sie Ihre einzelnen Berufserfahrungen den Abschnitten zur fachlichen und kaufmännischen Qualifikation zu. Konzentrieren Sie sich dabei auf diejenigen Stationen, die für Ihr geplantes Gründungsvorhaben tatsächlich relevant sind. Das können neben Ihrer Ausbildung und beruflichen Erfahrung auch ehrenamtliche Tätigkeiten oder Hobbys sein.
Falls Sie wichtige Bereiche in der Geschäftstätigkeit nicht selbst abdecken können, zeigen Sie auf, wie Sie diese Lücken schließen werden. Das kann geschehen, indem Sie externe Experten, zum Beispiel Steuerberater, Unternehmensberater, Buchhalter oder einen Büroservice einsetzen. Ebenso können Sie mit Weiterbildungsmaßnahmen Ihr Wissen erweitern, etwa mit Workshops, Seminaren, Coaching oder Fachliteratur.

Leitfragen

- **Was sind Ihr Jahrgang, Ihre familiäre Situation und Ihr Wohnort – sofern für das Gründungsvorhaben relevant?**
- **Welche fachlichen und branchenspezifischen Qualifikationen bringen Sie mit?**
- **Warum sind Sie in kaufmännischer und unternehmerischer Hinsicht geeignet, Ihre Geschäftsidee zu realisieren?**
- **Wo haben Sie diese Fähigkeiten jeweils erworben?**
- **Welche Defizite sehen Sie bei sich, und wie werden Sie damit umgehen?**
- **Bestehen Zulassungsvoraussetzungen für die selbständige Tätigkeit, brauchen Sie zum Beispiel eine Konzession oder einen Eintrag in die Handwerksrolle? Haben Sie diese Angelegenheiten erledigt?**
- **Bei Teamgründungen: Über welche Qualifikationen verfügen die einzelnen Gesellschafter? Wie verteilen Sie aufgrund dessen die Zuständigkeiten im Unternehmen?**
- **Was ist Ihre Motivation für die Selbständigkeit?**

Beispiel: Gussmodelle aus Kunststoff

Geschäftsmodell

Der Gründer Klaus Bähr macht sein langjähriges Hobby zum Beruf und will mit der Anfertigung von dekorativen Gussmodellen aus Kunststoff, individuell gestalteten Uhren und Gravuren selbständig tätig werden.

3. Persönliche Eignung

Angaben zur Person des Gründers 1

- Klaus Bähr
- geboren 17.12.1953 in München
- verheiratet, keine Kinder
- katholisch 2

Berufsausbildung/Weiterbildungen

Bankkaufmann seit 01.09.1970 3
Sparkassenbetriebswirt seit 1978

Fachliche Qualifikation

Ich bin der Überzeugung, dass ich die fachliche Qualifikation zur geplanten Tätigkeit während 4 meiner 25-jährigen praktischen Ausübung von Arbeiten mit unterschiedlichsten Materialien und Aufgabenstellungen erworben habe.
(Siehe Anlage 4: Beispiele meiner bisherigen Arbeiten)

Kaufmännische Kenntnisse

Seit 34 Jahren kundenorientierte Ausübung des Berufs Bankkaufmann mit betriebswirtschaftlichem Studium zum Betriebswirt. Mit relevanten buchhalterischen und steuerrechtlichen 5 Gegebenheiten vertraut.
(Siehe Anlage 3: Urkunde Sparkassenbetriebswirt)
Durch meine im Kundenkreditbereich erworbene Erfahrung auch im Bereich der Existenzgründungsberatung sind mir die Erfordernisse an den Existenzgründer und die Voraussetzungen zur Existenzgründung ausreichend bekannt. In der Vergangenheit habe ich diesbezüglich umfangreiche Kundenberatungen durchgeführt. Auch die Grundzüge von Basel II sind mir samt ihrer Auswirkungen geläufig.

Berufs- und Führungserfahrung

Seit 34 Jahren ununterbrochen im Berufsleben 6
16 Jahre Führungs-, Budget- und Mitarbeiterverantwortung

Spezielle Vorbereitungsmaßnahmen zur Existenzgründung

Geplant sind zur Auffrischung und Aktualisierung meiner Kenntnisse im Bereich der Existenz- 7 gründung Besuche von Seminaren oder Beratungen durch die IHK oder andere Stellen.
Durch die Inanspruchnahme eines Unternehmensberaters bei der Gründungsvorbereitung wurden wesentliche Kriterien besprochen und optimiert.

Unser Feedback

1 **Übersichtliche Struktur**

Das Gründerprofil von Herrn Bähr ist übersichtlich gestaltet. Durch die aussagekräftigen Unterüberschriften sind die wichtigsten Informationen für den Leser schnell ersichtlich.

2 **Formale Angaben zur Gründerperson**

Bei der Selbstdarstellung geht es vorrangig darum, die Qualifikationen des Gründers zu verdeutlichen. Alter und familiäre Situation sind wichtig, Angaben wie Geburtsdatum und -ort gehören aber nicht in die Selbstdarstellung, sondern in den Lebenslauf. Die Religionszugehörigkeit braucht nur genannt zu werden, wenn sie für das Gründungsvorhaben relevant ist (wie bei religiös orientierten Stiftungen). Bei Herrn Bähr gilt das nicht – er kann sie auch im Lebenslauf weglassen.

3 **Verbindung zum Gründungsvorhaben**

Aus den Angaben zur Aus- und Weiterbildung im Lebenslaufstil geht nicht hervor, inwiefern diese in Zusammenhang mit dem aktuellen Gründungsvorhaben stehen. Der Leser kann darüber nur spekulieren. Ferner sind die Datumsangaben uneinheitlich, Jahresangaben genügen hier.

4 **Fachliche Qualifikation begründen**

Noch mehr Glaubwürdigkeit könnte Herr Bähr seiner fachlichen Qualifikation verleihen, wenn er in ein bis zwei Sätzen ausführt, wie seine praktischen Arbeiten konkret ausgesehen haben.

5 **Businessplan grundsätzlich im Fließtext**

Bei der Beschreibung seiner fachlichen Qualifikation verwendet Herr Bähr zunächst die Ich-Form und wechselt dann in einen unpersönlichen, stichpunktartigen Schreibstil. Formulieren Sie den Textteil des Businessplans besser als Fließtext und vermeiden Sie Aufzählungen. Ob Sie Ihren Businessplan in der Ich-Form oder in der dritten Person („der Gründer") verfassen, bleibt Ihnen überlassen, behalten Sie den einmal gewählten Blickwinkel aber bei.

6 **Motivation zur Selbständigkeit fehlt**

Vergessen Sie nicht zu erwähnen, warum Sie sich selbständig machen möchten. Am besten schreiben Sie dazu einen eigenen Absatz.

7 **Vorbereitung auf die Existenzgründung**

Der Hinweis auf Seminare zeigt dem Leser, dass Herr Bähr sich ständig fortbildet. Er sollte jedoch konkreter darlegen, wann er welche Seminare besuchen möchte und bei welchen Tätigkeiten ihn der Unternehmensberater unterstützt hat.

Fazit

Die Selbstdarstellung von Herrn Bähr ist strukturiert und übersichtlich. Allerdings bringt sie noch keinen deutlichen Mehrwert im Vergleich zum Lebenslauf. Sie enthält viele Angaben, die für das Gründungsvorhaben nicht wichtig sind oder deren Bedeutung nicht dargestellt wurde. Gleichzeitig bleibt Herr Bähr zu oberflächlich, wenn es um seine fachlichen und kaufmännischen Fähigkeiten, seine Berufs- und Führungserfahrung sowie die geplanten Vorbereitungsmaßnahmen zur Existenzgründung geht. Er sollte diese Angaben noch konkretisieren und deutlicher argumentieren, welche Relevanz seine Erfahrungen für das geplante Unternehmen haben.

Beispiel: Panasiatisches Schnellrestaurant

Geschäftsmodell

Das Managementteam um Michael Spitzenberger eröffnet ein panasiatisches Schnellrestaurant, in dem den Gästen hochqualitative Speisen und Getränke aus Fernost angeboten werden.

3. Persönliche Eignung des Managements [1]

3.1 Der Inhaber/Betreiber

Alleiniger Inhaber ist Michael Spitzenberger (35 Jahre). Nach dem IHK-Abschluss zum Kaufmannsgehilfen im Hotel- und Gaststättengewerbe beendete Herr Spitzenberger erfolgreich die Ausbildung zum Dipl.-Kfm. im Bereich Steuern und [2] Umweltmanagement an der Fachhochschule für Wirtschaft in Berlin. Praktische Erfahrungen im Hotellerie- und Gastronomiegewerbe erlangte Herr Spitzenberger im Hotel Hilton Berlin (F&B-Bereich) und im Hotel Nikko de Paris (Night audit) sowie in bekannten Gastronomiebetrieben [3] wie Kay's Bistro München, Madrigal München und der Deutschen Botschaft in Paris (Service).
Die erforderlichen kaufmännischen Praxiskenntnisse erwarb Herr Spitzenberger in der Unternehmensberatung bmp AG in Berlin sowie [3] im Immobilien- und Einzelhandelsbereich und insbesondere durch seine mehrjährige erfolgreiche Tätigkeit als geschäftsführender Gesellschafter der Firmen Bodenlos GbR und Stimpfle GmbH (Parkett und Fußbodentechnik). In diesen Handwerksbetrieben oblag ihm darüber hinaus die Personalverantwortung für zehn Mitarbeiter.
Herr Spitzenberger ist aus den am Markt gut positionierten Firmen ausgeschieden, um das SPITZENBERGER zu realisieren (vgl. Anhang: Lebenslauf von Michael Spitzenberger).

3.2 Das Managementteam

Das Managementteam besteht aus drei Personen:

(1) dem Inhaber und Finanzleiter (in der Person von Herrn Spitzenberger),
(2) dem ersten Geschäftsführer, Leiter des operativen Geschäfts und Verantwortlichen für EDV/Internet, Herrn [4] Ulrich Wiedemann (35 Jahre), und
(3) dem zweiten Geschäftsführer und Verantwortlichen für „Guestrelation", Herrn Steven Bradley (35 Jahre).

Herr Wiedemann weist sich durch langjährige, fundierte Kenntnisse in den Bereichen der Personalführung und der Computerdienstleistungen aus. Diese erwarb er als Produktionsleiter der Firma Borland GmbH und als selbständiger Projektmanager für Multimedia-, Internet- und Netzwerklösungen bei Projekten für Unternehmen wie Microsoft und Compaq.
Herr Bradley [5] schloss erfolgreich sein MBA-Studium an der University of Maryland ab. Danach arbeitete er im Bereich der Personalführung und Kundenbeziehungen vor allem in der Mode- und in der Lifestyle-Branche. Seine Führungsqualitäten zeigte er unter anderem als Regional Manager Germany bei Polo Ralph Lauren, Sales Representative Overseas für Escada AG und General Manager/German Store Coordinator für Gucci Group Germany.

Unser Feedback

1 **Ausgeglichene Teampräsentation**

Das Kapitel ist sehr gut unterteilt, dem Inhaber und den beiden Geschäftsführern gemeinsam wird je eine halbe Seite Text gewidmet. Sinnvollerweise wird der Inhaber Herr Spitzenberger als Gesamtverantwortlicher ausführlicher dargestellt.

2 **Formulierung kurz und auf den Punkt**

Der Schreibstil ist kurz und prägnant, was einen professionellen Eindruck macht. Jeder Satz enthält wichtige Informationen und ist frei von überflüssigen Füllwörtern.

3 **Floskeln vermeiden**

Herr Spitzenberger beschreibt sich als „erfolgreichen" geschäftsführenden Gesellschafter. Statt sich so zu bezeichnen, wäre es besser, konkrete Erfolge darzustellen, sodass der Leser selbst zu dieser Einschätzung kommt. Dass die genannten Gastronomiebetriebe „bekannt" sind, kann nicht vorausgesetzt werden. Lassen Sie solche Floskeln am besten ganz weg.

4 **Verteilung der Zuständigkeiten**

Die jeweiligen Managementaufgaben passen zu den Profilen der Teammitglieder, was auf den Leser kompetent und überzeugend wirkt. Dieser Eindruck wird durch die knappe und eindeutige Benennung der Funktionen noch verstärkt.

5 **Motivation zur Selbständigkeit**

Bei allen drei Managementmitgliedern bleibt offen, warum sie sich in dem zu gründenden Unternehmen engagieren möchten. Dies ist bei den beiden Geschäftsführern auch nicht zwingend erforderlich, da sie weiterhin in einem Angestelltenverhältnis arbeiten werden. Herr Spitzenberger selbst sollte aber auf jeden Fall eine Begründung ergänzen.

Fazit

Die Teampräsentation ist gut gelungen. Sie vermittelt dem Leser in angemessenem Umfang alle wichtigen Informationen. Lediglich die Motivation des Inhabers und Gründers für die Selbständigkeit fehlt.

Beispiel: Physiotherapie für Kinder und psychisch Kranke

Geschäftsmodell

Der Gründer Andreas Pfeifer eröffnet eine Praxis für Physiotherapie, die sich auf die Behandlung von Kindern und psychisch Kranken spezialisiert.

3. Persönliche Eignung

1 Meine fachliche Qualifikation basiert auf einer Ausbildung bei Dr. Sven Langholm in Hamburg. In dieser Zeit habe ich verschiedene Praktika absolviert, davon zwei in einer Praxis für Physiotherapie in Hamburg. Nach meiner 2 Ausbildung folgten zwei Anstellungsverhältnisse in Praxen für Ergo- und Physiotherapie. Kaufmännisches Wissen erlangte ich durch eine Ausbildung als Industriekaufmann in Hamburg und mein Studium der Betriebswirtschaft, das ich bis zum Vordiplom absolvierte. Neben dem Studium arbeitete ich in zwei Zeitarbeitsfirmen im Bereich telefonischer Vertrieb und Kundenbetreuung.
Aufgrund meiner bisherigen 3 Tätigkeiten bin ich sicher, erfolgreich meine eigene Selbständigkeit aufbauen zu können.

vorher

Unser Feedback

1 **Unübersichtliche Struktur**

Der durchgehende Fließtext erschwert es dem Leser, sich schnell einen Eindruck von den Fähigkeiten des Gründers zu verschaffen. Machen Sie es dem Leser leicht, indem Sie Absätze und bei größerem Textumfang Unterüberschriften einfügen.

2 **Qualifikationen zu knapp beschrieben**

Die fachliche und die kaufmännische Qualifikation von Herrn Pfeifer sind nur sehr oberflächlich dargestellt. Es wird nicht deutlich, welches Wissen und welche Fähigkeiten er während der beschriebenen Stationen seines Werdegangs erworben hat und inwiefern diese für sein Gründungsvorhaben relevant sind. Hier sollte Herr Pfeifer deutlich mehr schreiben und durchaus auch Nebenjobs, Hobbys und soziales Engagement einbeziehen.

3 **Motivation zur Selbständigkeit nicht beschrieben**

Den Ausführungen ist nicht zu entnehmen, warum sich Herr Pfeifer selbständig machen möchte und welche Chancen er darin sieht. Für den Leser ist wichtig zu erfahren, aus welcher Situation heraus er diese Entscheidung getroffen hat. Gründet er zum Beispiel aus der Arbeitslosigkeit heraus oder möchte er einfach sein eigener Chef sein? In jedem Fall sollte Herr Pfeifer auf diesen Aspekt noch eingehen.

Fazit

Mit seiner Darstellung gelingt es Herrn Pfeifer nicht, den Leser von seiner Qualifikation zu überzeugen. Das liegt vor allem daran, dass er die essenziellen Punkte fachliche und kaufmännische Qualifikation nur sehr oberflächlich beschreibt. Angaben dazu, ob er eventuelle Zulassungsvoraussetzungen erfüllt und warum er selbständig arbeiten will, fehlen gänzlich. Auch die optische Aufbereitung des Textes lässt sich noch verbessern, indem der Text in Absätze unterteilt und mit Zwischenüberschriften versehen wird.

Tipp

Abkürzungen zumindest einmal ausschreiben

Bei Abkürzungen von Fachbegriffen sollten Sie nicht davon ausgehen, dass der Leser sie kennt. Schreiben Sie sie daher zumindest einmal aus. Dabei wird erst die ausgeschriebene Form genannt, die Abkürzung folgt in Klammern: Schreiben Sie also nicht „IHK (Industrie- und Handelskammer)", sondern „Industrie- und Handelskammer (IHK)". Bei Wörtern und Wortgruppen wie „zum Beispiel", „gegebenenfalls" oder „vor allem" haben Sie die Wahl, ob Sie sie ausschreiben oder abkürzen möchten. Wichtig ist nur, dass Sie in Ihrem Text einheitlich verfahren.

Beispiel: Physiotherapie für Kinder und psychisch Kranke

3. Persönliche Eignung

3.1 Fachliche und berufsspezifische Kenntnisse

Die ersten Erfahrungen in der Ergotherapie erlangte ich in der Tagespflege beim Deutschen Roten Kreuz in Kiel. Dort arbeitete ich drei Monate als Betreuer mit älteren, psychisch erkrankten Menschen. Anschließend folgte meine dreijährige Ausbildung zum Physiotherapeuten bei Dr. Sven Langholm in Hamburg. Während dieser Zeit durchlief ich vier dreimonatige Praktika in verschiedenen Fachbereichen – wovon zwei in einer großen Praxis für Physiotherapie in Hamburg stattfanden.
Nach meiner Ausbildung folgten zwei Anstellungen über drei Jahre in interdisziplinären Praxen in Hamburg, in denen ich für die Bereiche Pädiatrie und Psychiatrie zuständig war. Neben der Einzelbehandlung der Patienten habe ich Gruppentherapien neu aufgebaut und geleitet. Die Therapien habe ich nach den gängigen Therapiekonzepten (zum Beispiel Sensorische Integrationstherapie, Bobath) durchgeführt.
Im Anschluss daran arbeitete ich fast ein Jahr lang in der Hamburger Klinik Dr. Rickhof in der ambulanten Betreuung psychisch kranker Menschen. Neben der Betreuungsarbeit habe ich Einzel- und Gruppentherapien selbständig durchgeführt und war außerdem für den Ausbau des therapeutischen Angebots der Einrichtung eigenverantwortlich zuständig. Durch die schwerpunktmäßige Arbeit mit psychisch kranken Menschen habe ich mein Fachwissen in dem Bereich Psychiatrie stark ausbauen können.
Durch die regelmäßige Teilnahme an Fortbildungen in der Pädiatrie und Psychiatrie habe ich mein Fachwissen kontinuierlich erweitert. Weitere Fortbildungen sind geplant und für mich selbstverständlich, um auf dem neuesten Wissensstand zu sein und die Qualität der Behandlungen weiterhin zu garantieren.

3.2 Unternehmerische und kaufmännische Fähigkeiten

Erste unternehmerische und kaufmännische Kenntnisse erlangte ich als Praktikant im Bauunternehmen meiner Eltern. Ein Jahr lang habe ich unter anderem Angebote erstellt, Marketingmaßnahmen mit durchgeführt und Messepräsentationen am Messestand des Unternehmens gehalten. Durch die Selbständigkeit meiner Eltern erhielt ich von klein auf einen sehr guten Einblick in den Unternehmeralltag.
Umfangreiches kaufmännisches Fachwissen erlangte ich durch meine zweieinhalbjährige Ausbildung zum Industriekaufmann bei der Firma Brinkmann in Hamburg. Vertieft wurde dieses durch mein Studium der Betriebswirtschaft an der Fachhochschule Flensburg, welches ich bis zum Vordiplom absolvierte.
Neben dem Studium arbeitete ich in zwei Zeitarbeitsfirmen im Bereich telefonischer Vertrieb und Kundenbetreuung.
Aufgrund dieser Vorerfahrungen konnte ich während meiner Tätigkeit als angestellter Physiotherapeut auch für kaufmännische Tätigkeiten eingesetzt werden. So war ich für die Erstellung von Sozial- und Verlaufsberichten zuständig und habe den Schriftverkehr mit Behörden, Banken und Krankenkassen für Patienten abgewickelt. Durch die tägliche computergestützte Terminplanung meiner Behandlungen und die Rezeptbearbeitung sind mir die Organisation und Planung von Therapien sowie die Rezeptabrechnung bestens vertraut.

Aufgrund meiner unterschiedlichen Tätigkeiten mit Menschen verfüge ich über ein sicheres und kompetentes Auftreten. Durch den regelmäßigen Austausch mit Ärzten, Betreuern und anderen Institutionen sowie durch Beratung von Angehörigen und die Organisation von Ärztetreffen in der Praxis besitze ich eine ausgeprägte Kommunikationsfähigkeit.
Trotz meiner Vorkenntnisse bin ich bemüht, einen Teil meiner kaufmännischen Arbeiten an externe Dienstleister (Steuerberater, Abrechnungsstelle für Rezepte) abzugeben. Somit schaffe ich mir die Möglichkeit, mehr Zeit in meine physiotherapeutische Arbeit zu investieren.

3.3 Gründe für die Wahl der Selbständigkeit

Schon lange trage ich den Wunsch in mir, mich selbständig zu machen, denn für mich liegt der große Reiz der Selbständigkeit darin, mein eigener Chef zu sein und eigenverantwortlich die Geschicke meines künftigen Unternehmens zu lenken. Nachdem ich nun über viele Jahre hinweg berufliche Erfahrungen gesammelt habe, möchte ich die Gelegenheit wahrnehmen, meinen Traum zu realisieren.

3.4 Zulassungsvoraussetzung

Für meine Selbständigkeit als Physiotherapeut ist ein Berufszertifikat erforderlich, welches mir mit bestandener Prüfung ausgehändigt wurde.

Auf den Punkt gebracht: Basics, Tipps und Tricks

Um den Leser von Ihrer persönlichen Eignung zu überzeugen, sollten Sie Ihre Qualifikationen so konkret wie möglich beschreiben. Auch unangenehme Fragen können Sie auf diese Weise vorwegnehmen. Im Folgenden bekommen Sie Tipps dazu und erfahren, ob Sie zur Ausübung Ihrer selbständigen Tätigkeit eine besondere Erlaubnis benötigen. Zudem zeigen wir Ihnen, wie Sie die persönliche Eignung darstellen, wenn Sie nicht alleine, sondern im Team gründen.

Ausdrucksstark formulieren

Formulieren Sie im gesamten Businessplan so präzise wie möglich. Begründen Sie Ihre Aussagen stets und untermauern Sie sie inhaltlich. Im Kapitel über die persönliche Eignung kommt es häufig vor, dass sich Gründer beispielsweise als „erfolgreicher Geschäftsführer" bezeichnen oder ihre „hervorragenden verkäuferischen Fähigkeiten" anführen. Das ist eine subjektive Einschätzung. Führen Sie für diese Eigenschaften konkrete Beispiele an, um Ihren Leser zu überzeugen: „Mein Erfolg als Geschäftsführer im Unternehmen ABC zeichnete sich durch eine Umsatzsteigerung um 20 Prozent in zwei Jahren aus." Verkäuferische Fähigkeiten lassen sich beispielsweise so untermauern: „Mein Vertriebstalent konnte ich auch unter Beweis stellen, als ich für meinen Sportverein zwei neue Sponsoren gewann."

Zudem lesen wir in der Praxis oft, dass Gründer ihre ehemaligen Arbeitgeber als „bekannt", „groß" oder „erfolgreich" bezeichnen. Auch hier gilt es, diese Aussagen zu qualifizieren. Dass Sie für ein erfolgreiches oder renommiertes Unternehmen gearbeitet haben, können Sie beispielsweise so beschreiben: „Nach meinem Studium war ich zwei Jahre beim Marktführer der Branche XY tätig" oder „Das Unternehmen XY mit 100 Mitarbeitern genießt einen hervorragenden Ruf in der Branche/in der Region Köln ...".

Persönliche Eignung mit Mehrwert

Die besondere Funktion des Kapitels „Persönliche Eignung" besteht darin, den Leser zu überzeugen, dass Sie der oder die Richtige sind, um Ihre Geschäftsidee zu verwirklichen. Es geht also darum, solche Stärken hervorzuheben, die Sie zur erfolgreichen Selbständigkeit befähigen. Daher reicht es nicht, wenn diese Ausführungen einfach Ihren Lebenslauf in Form eines Fließtextes wiedergeben. Vielmehr besteht der Mehrwert darin, dass Sie Ihre entscheidenden Qualifikationen herausstellen und deren Bedeutung für Ihre Selbständigkeit deutlich machen. Gliedern Sie das Kapitel am besten thematisch und gehen Sie auf Ihre kaufmännische und fachliche Qualifikation, gegebenenfalls auch auf Ihre Führungskompetenz, ein. Hinzu kommen Ihre Gründe für die Wahl der Selbständigkeit, mögliche Zulassungsvoraussetzungen sowie konkrete Vorbereitungsmaßnahmen.

Für diese Gewerbe brauchen Sie eine besondere Erlaubnis – auch im Nebenerwerb

Ein wichtiger Aspekt bei der Gewerbeanmeldung ist die Prüfung, ob erlaubnispflichtige Tätigkeiten vorliegen. Zwar gilt in Deutschland grundsätzlich die Gewerbefreiheit, doch für eine ganze Reihe von Tätigkeiten gelten Zulassungsvoraussetzungen. Hier reicht die Gewerbeanmeldung allein nicht aus, sondern Sie müssen vor Beginn der Tätigkeit Ihre Qualifikation nachweisen oder eine besondere Erlaubnis bei der zuständigen Behörde beantragen.

Im Folgenden sind die in der Beratungspraxis am häufigsten vorkommenden erlaubnispflichtigen Gewerbe aufgeführt.

Eine vollständige Liste finden Sie unter www.jeder-ist-unternehmer.de/zulassung.

Handwerk
Wer als Handwerker tätig werden will, muss in die Handwerksrolle der Handwerkskammer eingetragen sein. Voraussetzung hierfür ist eine Meisterprüfung oder eine Ausnahmebewilligung. Bei einer GmbH genügt es, wenn ein Meister als technischer Betriebsführer eingestellt ist.

Gaststättengewerbe
Wenn Sie eine Gaststätte eröffnen wollen, brauchen Sie eine Konzession vom zuständigen Gewerbe- und Ordnungsamt. Um diese zu erhalten, müssen Sie die Teilnahme an einer IHK-Unterrichtung über lebensmittelrechtliche Vorschriften oder eine abgeschlossene Ausbildung zum Beispiel als Koch, Restaurantfachmann oder Fachverkäufer im Nahrungsmittelhandwerk nachweisen. Zudem ist zu belegen, dass die vorgesehenen Räumlichkeiten für das Gaststättengewerbe geeignet sind, gegebenenfalls mit Bauzeichnungen oder Grundrissen der Betriebsräume inklusive Sanitärräumen. Eine Konzession benötigen Sie allerdings nicht, wenn Sie nur alkoholfreie Getränke anbieten.

Taxigewerbe
Um die Zulassung für die Gründung eines Taxigewerbes zu erhalten, ist ein Nachweis der finanziellen Leistungsfähigkeit und der persönlichen Zuverlässigkeit des Unternehmers erforderlich. Zudem muss er eine Fachkundeprüfung bei der zuständigen Industrie- und Handelskammer ablegen. Von der Prüfung befreit sind Gründer, die mindestens drei Jahre lang eine leitende Position in einem Verkehrsbetrieb innehatten oder eine berufsrelevante Ausbildung abgeschlossen haben.

Vertrauensgewerbe
Für eine ganze Reihe von gewerblichen Aktivitäten sind die persönliche und die sachliche Zuverlässigkeit besonders bedeutsam. Das betrifft zum Beispiel die Immobilien- und Finanzbranche, Bauträger und -betreuer, den Handel mit hochwertigen Konsumgütern wie Kraftfahrzeugen, Computern, Teppichen oder Schmuck, Reisebüros und die Vermittlung von Unterkünften, Sicherheits- und Schlüsseldienste, aber auch Auskunfteien, Detekteien, Schausteller und Partnervermittler.
Bei diesen sogenannten Vertrauensgewerben müssen die Gewerbetreibenden ein Führungszeugnis sowie eine Auskunft aus dem Gewerbezentralregister beantragen, um es beim Gewerbeamt vorzulegen.

Geschützte Berufsbezeichnungen

Es gibt einige Berufsbezeichnungen, die durch das Gesetz geschützt sind und nur von denjenigen Personen verwendet werden dürfen, die über ein entsprechendes Studium oder eine bestimmte Berufsqualifikation verfügen. Wer diese oder zum Verwechseln ähnliche Berufsbezeichnungen ohne die entsprechende Zulassung oder Erlaubnis führt, muss mit strafrechtlichen Konsequenzen rechnen. Geschützt sind insbesondere die folgenden Berufsbezeichnungen:

- Heilberufe: Arzt, Zahnarzt, Psychotherapeut, Psychologe, Tierarzt, Apotheker, Krankenschwester/-pfleger, Krankenpflegehelfer, Rettungsassistent, Altenpfleger, Erzieher, Hebamme/Entbindungshelfer, Physiotherapeut, Ergotherapeut, Logopäde, Heilpraktiker
- Wirtschafts- und rechtsberatende Berufe: Rechtsanwalt, Patentanwalt, Notar, Wirtschaftsprüfer, vereidigter Buchprüfer, Steuerberater, Steuerbevollmächtigter
- Technische Berufe: Öffentlich bestellter Sachverständiger, Ingenieur, Architekt, Lebensmittelchemiker

Geschützt sind im Übrigen auch

- die Verwendung von „Meister“ in Verbindung mit einem Handwerk,
- die einen akademischen Grad implizierende Bezeichnung „Diplom“ oder „Dipl.“ in Zusammenhang mit einer Fachrichtung oder einer Berufsbezeichnung,
- in- und ausländische Dienstgradbezeichnungen sowie
- die Zusätze „staatlich geprüft“, „staatlich anerkannt“ oder „examiniert“ im Zusammenhang mit einer Berufsbezeichnung.

Besonderheiten bei einer Teamgründung

In vielen Fällen ist es vorteilhaft, ein Unternehmen nicht allein, sondern mit einem oder mehreren Partnern zu gründen. Dadurch wird nicht nur ergänzendes Know-how zusammengeführt, sondern auch die Verantwortung und eventuell das Risiko geteilt. Teamgründungen erfolgen meist als GbR oder GmbH.
Da jeder Einzelne im Gründungsteam den Erfolg des Unternehmens mitträgt, müssen Sie im Kapitel „Persönliche Eignung“ die Qualifikationen aller Partner beschreiben. Stellen Sie dar, wie sich die fachlichen und kaufmännischen Fähigkeiten auf die unterschiedlichen Schultern verteilen: Welches Know-how bringen die einzelnen Gründungspartner in das Unternehmen ein, und welche Funktionen, Aufgaben und Verantwortlichkeiten werden sie aufgrund dessen übernehmen? Achten Sie darauf, dass Sie bei der Beschreibung der Tätigkeiten nicht zu sehr ins Detail gehen, denn sie sind Inhalt des Kapitels „Abläufe und Organisation“.

Tipp

Schreiben Sie den Businessplan gemeinsam!

Wenn Sie sich entschließen, als Team zu gründen, bietet es sich an, das Unternehmenskonzept gemeinsam im Vorfeld zu diskutieren und Ihre Erwartungen an die künftige Unternehmertätigkeit abzugleichen. Das schweißt zusammen und verhindert spätere Missverständnisse. Natürlich ersetzt der Businessplan keinen Gesellschaftervertrag, er kann aber die Grundlage für eine solche Vereinbarung bilden.

7. Die Kunden verstehen: Ihre Zielgruppen

Erfolgreiche Unternehmer kennen ihre Kunden und deren Bedürfnisse genau und richten ihr Angebot entsprechend aus. Zeigen Sie in diesem Kapitel, dass Sie verstanden haben, was Ihre Kunden wollen. Als Erstes beschreiben Sie, in welchem geografischen Aktionsradius Sie Ihre Produkte oder Ihre Dienstleistungen anbieten. Überlegen Sie dann, ob Sie vornehmlich Unternehmen, Privatkunden oder beide ansprechen.

Anschließend weisen Sie Ihrer Zielgruppe bestimmte Eigenschaften zu. Bei Unternehmen sind das vor allem die Branche und die Unternehmensgröße gemessen an Umsatz oder Mitarbeiterzahl. Bei Privatkunden spielen soziodemografische Merkmale wie Geschlecht, Alter, Bildungsstand, Beruf, Einkommen und Familienstand eine Rolle. Gehen Sie zudem auf besondere Merkmale ein, zum Beispiel modebewusst, technikaffin, kosten- oder qualitätsorientiert. Auf Basis dieser Erkenntnisse stellen Sie dann ausführlich die spezifischen Bedürfnisse Ihrer Zielgruppe dar, zum Beispiel besonders intensive Betreuung.

Falls Sie feststellen, dass sich Ihre Kunden nicht einheitlich beschreiben lassen, unterteilen Sie Ihre Zielgruppe. Dieses Verfahren wird als Segmentierung bezeichnet. Achten Sie dabei darauf, dass sich die Personen oder Unternehmen innerhalb einer Teilzielgruppe möglichst ähnlich sind. Die einzelnen Segmente sollten sich jedoch deutlich voneinander unterscheiden. Diese Vorgehensweise hat den Vorteil, dass Sie nur gleichartige Kunden gemeinsam analysieren. Auch in Bezug auf die Kundenansprache zahlt es sich aus, je nach Teilzielgruppe eine spezifische Vertriebs- und Kommunikationsstrategie zu entwickeln.

Vermutlich werden Sie feststellen, dass nicht alle Zielgruppen gleich wichtig sind. Legen Sie fest, auf welche Ihrer Kundengruppen Sie sich verstärkt konzentrieren werden. Stufen Sie sie hierzu nach ihrer Bedeutung ein und begründen Sie Ihre Entscheidung.

Leitfragen

- **Wie weit ist Ihr regionaler Aktionsradius?**
- **Sprechen Sie Unternehmen, Verbraucher oder beide an?**
- **Anhand welcher Kriterien lässt sich Ihre Kundschaft weiter unterteilen? Wie können Sie diese Segmente voneinander abgrenzen? Können Sie sie jeweils griffig benennen?**
- **Bei Unternehmen: Um welche Branchen handelt es sich in den jeweiligen Segmenten? Um welche Unternehmensgröße? Gibt es weitere besondere Merkmale?**
- **Bei Verbrauchern: Welche soziodemografischen Merkmale kennzeichnen Ihre Zielgruppensegmente? Durch welche Merkmale sind sie noch gekennzeichnet?**
- **Was sind die Bedürfnisse dieser einzelnen Kundensegmente?**
- **Welche Zielgruppen sind Ihnen am wichtigsten und warum?**

Beispiel: Seniorenbetreuung

Geschäftsmodell

Hubert Wirtz macht sich als Seniorenbetreuer selbständig. Mit seiner Tätigkeit ermöglicht er es älteren Menschen, weiterhin allein zu wohnen. Er bietet den Senioren einerseits Hilfe bei Haushaltsarbeiten, Tierbetreuung, Einkäufen und anderen Erledigungen. Andererseits gestaltet er Unternehmungen nach den Wünschen seiner Kunden.

4. Zielgruppen

4.1 Aktionsradius

Der Aktionsradius meiner Unternehmung beschränkt sich auf einen Umkreis von 20 Kilometern um die Stadt Baesweiler. Eine Erweiterung des Aktionsradius ist problematisch, da die Anfahrtswege möglicherweise zu weit werden.

4.2 Kundengruppen

Die Zielgruppe setzt sich aus zwei[1] Teilen zusammen.
Die erste Gruppe besteht aus alten Menschen, die selbständig wohnen können, aber von sich aus Unterstützung bei einzelnen Tätigkeiten suchen.
Die zweite Gruppe sind jüngere Menschen, die ihre auf Hilfe angewiesenen Angehörigen nicht selber betreuen können und nun für diese auf der Suche nach Seniorenbetreuung sind.

4.3 Volumen der Zielgruppe

In dem angestrebten Aktionsradius leben 250.000 Einwohner, von denen ca. 35 Prozent Senioren und damit potenzielle Kunden[2] sind.

4.4 Bedürfnisse der Zielgruppen

Zunächst erwartet der Kunde, dass die Arbeit zuverlässig und sorgsam erledigt wird. Darüber hinaus wünscht er sich, dass sich der zunächst Fremde als freundlich sowie hilfsbereit entpuppt und sich Zeit nimmt, auf die Probleme, die das hohe Alter mit sich bringt, einzugehen.[3] Um Kunden zufriedenzustellen, muss die Arbeit qualitativ gut erbracht werden, entscheidend ist aber, ob die zu betreuende Person sich in guten Händen fühlt. Dies ist erst der Fall, wenn sich eine menschliche Beziehung zwischen Betreuer und Betreutem entwickelt.
Das gilt für Senioren, die direkt auf mich zukommen, gleichermaßen wie für Senioren, denen die Betreuung organisiert wird.

Unser Feedback

1 Segmentierung nach Vertriebsweg

Die Zielgruppen bestehen nicht zwangsläufig nur aus Endkunden, also den unmittelbaren Empfängern der Leistungen. Die Segmentierung von Herrn Wirtz zeigt, dass alle Marktteilnehmer interessant sind, die letztendlich über eine Beauftragung entscheiden. Dazu zählen zum einen die Senioren selbst und zum anderen deren Verwandte. Die von Herrn Wirtz vorgenommene Unterteilung in Teilzielgruppen ist deshalb sinnvoll.
Allerdings hätte Herr Wirtz noch stärker auf die spezifischen Merkmale beider Zielgruppen eingehen können, zum Beispiel auf Alter, Einkommensverhältnisse oder besondere Lebensumstände.

2 Volumen der Zielgruppe

Die Nennung der konkreten Zahlen zur Größe der Zielgruppe verschiebt Herr Wirtz besser in das Kapitel „Markt". Bei der Beschreibung der Zielgruppe geht es in erster Linie um eine *qualitative* Darstellung der potenziellen Kunden, die Quantifizierung erfolgt am besten später.

3 Bedürfnisse der Zielgruppen

Das Angebot von Herrn Wirtz umfasst die Bedürfnisse seiner Zielgruppe nach Zuverlässigkeit, Freundlichkeit, Hilfsbereitschaft und Qualität. Es ist gut, dass diese Aspekte zur Geschäftsphilosophie von Herrn Wirtz gehören. Die Kundenwünsche sind jedoch noch sehr allgemein formuliert und treffen auf fast alle Kunden zu. Herr Wirtz sollte deshalb stärker auf die Bedürfnisse seiner Kunden eingehen, die ganz speziell für seine Dienstleistung wichtig sind. Es ist zudem sinnvoll, die beiden genannten Zielgruppen deutlicher voneinander abzugrenzen, denn sie stellen womöglich unterschiedliche Anforderungen an sein Angebot. Falls es keine Unterschiede gibt, sollte Herr Wirtz dies kurz anmerken.

Fazit

Das Beispiel von Herrn Wirtz zeigt, dass sich die Segmentierung der Zielgruppe nicht immer an den Endkunden orientieren muss. In seinem Fall ist der Vertriebsweg als Kriterium sinnvoll. Herr Wirtz sollte jedoch darauf achten, dass er diese einmal gewählte Struktur auch in den folgenden Unterpunkten beibehält und beispielsweise die Bedürfnisse der beiden Teilzielgruppen getrennt ausarbeitet.

Gut zu wissen

Worauf jeder Kunde Wert legt

Es gibt einige Bedürfnisse, die fast alle Kunden haben. Nehmen Sie diese in jedem Fall in Ihre Geschäftsphilosophie auf und erwähnen Sie sie in Ihrem Businessplan:

- **Zuverlässigkeit**
- **Pünktlichkeit**
- **Schnelligkeit**
- **Gutes Preis-Leistungs-Verhältnis**
- **Freundlichkeit**

Besinnen Sie sich aber vor allem darauf, welche darüber hinausgehenden Kundenbedürfnisse Sie befriedigen können, und stellen Sie diese ausführlich dar.

Beispiel: IT-Dienstleistungen für ältere Internetanfänger, Klein- und Kleinstunternehmen

Geschäftsmodell

Das IT-Unternehmen von Alexander Weber unterstützt Klein- und Kleinstunternehmen mit innovativen Lösungen dabei, ihre Telekommunikations- und Internetkosten zu senken. Zudem berät er vornehmlich ältere Privatpersonen beim „Interneteinstieg".

4. Zielgruppen

4.1 Aktionsradius

Der Aktionsradius konzentriert sich auf München, im Bereich der Firmenkunden auch auf den Großraum München.

4.2 Firmenkunden

Zu dieser Zielgruppe zählen Firmen, welche Beratung beziehungsweise Unterstützung im Bereich Informationstechnologie (IT) und Telekommunikation (TK) benötigen. Der Fokus liegt auf kaufmännisch und gewerblich orientierten Klein- und Kleinstunternehmern mit einer Anzahl von bis zu neun Mitarbeitern, vornehmlich in der Speditions-, Handels-, Import- und Exportbranche. Von besonderem Interesse sind Außenhandelsfirmen, welche allgemein hohe Telefonkosten aufweisen.

4.3 Privatkunden

Diese Zielgruppe sind private Interneteinsteiger, vornehmlich weibliche Personen im Alter von 60 bis 70 Jahren, welche solvent und oftmals im Vorruhestand oder in Pension sind. Diese Kundengruppe hat keine große Affinität zu neueren Technologien, möchte aber trotzdem die neuen Internetdienstleistungen nutzen. Daneben zählen Personen ab 40 Jahren zu meiner Kundengruppe, die nur oberflächliche IT-Kenntnisse besitzen und bei Problemen mit Hard- oder Software eine kostengünstige und schnelle Dienstleistung wünschen.

4.4 Priorisierung der Kundengruppen

Der Fokus meiner Unternehmenstätigkeit liegt auf den Firmenkunden, mit denen ich rund 70 Prozent des Umsatzes generieren möchte. Zwar stammen nur rund 30 Prozent der Aufträge von dieser Kundengruppe, es kann jedoch ein wesentlich höherer Umsatz pro Auftrag erzielt werden. Die Privatkunden sind für rund 30 Prozent des Umsatzes verantwortlich. In diesem Segment erfolgen hauptsächlich Aufträge kleineren Umfangs, und so wird dieser Umsatzanteil mit rund 70 Prozent des Auftragsvolumens erzielt.

Unser Feedback

1 Schrittweise Eingrenzung der Zielgruppen

Herr Weber setzt keinen so strikten Segmentierungsansatz wie die MECE-Methode (siehe Kasten) ein, mit der völlig trennscharfe und gleichwertige Segmente gebildet werden. Stattdessen grenzt er die Zielgruppen vom Allgemeinen ausgehend immer weiter ein. Dabei umfasst die zuerst genannte weiteste Zielgruppe die zuletzt beschriebene eng eingegrenzte Zielgruppe. Dieser Ansatz ist zu bevorzugen, wenn die Gemeinsamkeiten der einzelnen Zielgruppen größer sind als ihre Unterschiede.

Gut zu wissen

MECE-Methode

Die MECE-Methode ist ein hilfreicher Ansatz, um aus einer Menge scharf voneinander abgegrenzte Untermengen zu bilden. MECE steht für
ME – Mutually Exclusive: ohne gegenseitige Überschneidungen,
CE – Collectively Exhausive: gemeinsam erschöpfend.
Im Fall der Zielgruppensegmentierung bedeutet das, dass die einzelnen Kundensegmente untereinander überschneidungsfrei sind. Zusammen decken sie die Gesamtheit Ihrer Kunden ab. Bei Firmenkunden wäre zum Beispiel eine Unterteilung in die Gruppen „null bis neun Mitarbeiter“, „zehn bis 99 Mitarbeiter“ sowie „100 und mehr Mitarbeiter“ MECE-konform.

2 Beschreibung der Privatkunden

Die Darstellung der Interneteinsteiger anhand ihrer demografischen Merkmale (Alter, finanzielle Situation, Lebensumstände, Internetaffinität) ist Herrn Weber gut gelungen. Im Gegensatz dazu vermittelt er von den Kunden für die Providerberatung kein sehr genaues Bild. Auf Basis der bisherigen Ausführungen lässt sich kein Marketingkonzept entwickeln, mit dem diese Zielgruppe gezielt angesprochen werden kann.

3 Priorisierung der Zielgruppen

Herr Weber schreibt nicht nur, welche Zielgruppe er favorisiert, sondern er untermauert seine unternehmerische Entscheidung mit dem erwarteten höheren Umsatzanteil. Eine Priorisierung der Zielgruppen ist generell sinnvoll, sie muss sich jedoch nicht unbedingt an Umsatzerwartungen orientieren. Andere Gründe für die Fokussierung auf eine bestimmte Zielgruppe können sein, dass Sie bereits Kontakte oder gar Geschäftsbeziehungen zu einer bestimmten Kundengruppe unterhalten, dass Sie bei einer bestimmten Personengruppe ein besonders großes Bedürfnis nach Ihrem Produkt feststellen oder dass Sie eine Zielgruppe aufgrund Ihrer persönlichen Präferenzen vorziehen.

Beispiel: IT-Dienstleistungen für ältere Internetanfänger, Klein- und Kleinstunternehmen (Fortsetzung)

4.5 Bedürfnisse der Kundengruppen

Firmenkunden wünschen Sicherheit, Zuverlässigkeit und geringe Kosten bei ihrer Internet- und Telefoninfrastruktur. Diese Bedürfnisse kann ich mit meinen umfangreichen und individuellen Produkten und Dienstleistungen befriedigen: Sicherheit durch entsprechende Sicherheitsprogramme, Zuverlässigkeit durch gute und richtig installierte Produkte und geringe Kosten durch die Auswahl eines passenden Providers (unabhängige Wahl aus allen verfügbaren Anbietern). Die Bedürfnisse der Privatkunden sind ähnlich, richten sich aber mehr auf den Bereich der Funktionalität und Einfachheit von Kommunikationsleistungen. Diesen Wünschen kann durch Auswahl der richtigen Anbieter und Produkte sowie der kompletten Abwicklung des Implementierungsprozesses entsprochen werden.

Übersicht über die Zielgruppen

	Firmenkunden		**Privatkunden**	
WER?	a) Einzelunternehmer ohne MA	b) Kleinunternehmen bis 9 MA	c) Weiblich, 60 bis 70 Jahre	d) Überwiegend weiblich, ab 40 Jahre
WIE VIEL?	Aufträge: ca. 30 Prozent Umsatz: ca. 70 Prozent		Aufträge: ca. 70 Prozent Umsatz: ca. 30 Prozent	
WAS? **IT**	Erstinstallation komplett	5	Schulung	– Support/Vor-Ort-Service – Erstinstallation komplett
WAS? **TK**	– Beratung, Konzeption – Beschaffung, Abwicklung, Verträge – Installation, Konfiguration	– Beratung, Konzeption – Beschaffung, Abwicklung, Verträge – Installation, Konfiguration	Installation, Konfiguration	Installation, Konfiguration
WARUM?	– Kostensenkung – Fehlende Kenntnis zu neu beschaffter Infrastruktur	Kostensenkung	– Technischer „State-of-the-Art"-Wunsch – Misslungener/unangenehmer Support durch Familie (Kinder, Enkel)	– Hardware-/Software-Problem – Fehlende Kenntnis zu neu beschaffter Infrastruktur

Unser Feedback (Fortsetzung)

4 **Befriedigung der Kundenbedürfnisse**

Beim Verfassen seines Businessplans hat sich Herr Weber entschieden, zu den beschriebenen Kundenbedürfnissen sogleich hinzuzufügen, wie sein Leistungsangebot zu deren Befriedigung beiträgt. Das ist an dieser Stelle durchaus in Ordnung, dann sollten die Ausführungen allerdings so knapp ausfallen wie bei Herrn Weber. Denn eine ausführliche Darstellung des Kundennutzens passt besser in das Kapitel „Kundennutzen und Positionierung".

5 **Übersichtstabelle**

Eine Übersichtstabelle, wie sie Herr Weber angefertigt hat, ist gerade bei dem Thema Zielgruppen sinnvoll. Der Leser erhält so alle wichtigen Informationen auf einen Blick. Besonders die Kombination der einzelnen Zielgruppen mit den jeweils angebotenen Produkten ermöglicht einen schnellen Überblick.

Fazit

Herr Weber hat seine Zielgruppen nachvollziehbar definiert und zusätzlich in einer Tabelle veranschaulicht. Insgesamt gibt er dem Leser einen guten Überblick über seine Kundschaft und zeigt, dass er sich mit ihren Bedürfnissen intensiv auseinandergesetzt hat. Die Priorisierung macht schließlich deutlich, welche Bedeutung die einzelnen Segmente haben.

Tipp

Erstellen Sie einen Logikbaum

Ein Logikbaum hilft Ihnen dabei, Ihre Zielgruppen systematisch zu strukturieren. Beginnen Sie mit der Gesamtheit Ihrer Kunden am „Stamm" des Baums und zerlegen Sie diese Gruppe über mehrere Verzweigungen in ihre Bestandteile. Stellen Sie sich bei jeder Ebene die Frage, welche Merkmale die Gruppen trennscharf voneinander unterscheiden. Das können die Art der Kunden (Privat-/Firmenkunden), ihre Eigenschaften (Alter, Geschlecht, Präferenzen) oder das Nachfrageverhalten (Nachfrager von Gartengerät/Nachfrager von Gärtnerservice) sein. Ganz oben müssen immer Personenkreise stehen, deren Mitglieder sich nicht oder nur in Ausnahmefällen überschneiden (ME) und die zusammen die Gesamtheit Ihrer Kundengruppe abbilden (CE).

Am einfachsten ist in der Regel die Kategorisierung nach der Art der Kunden, wie sie hier am Beispiel eines Gärtnerservice dargestellt wird:

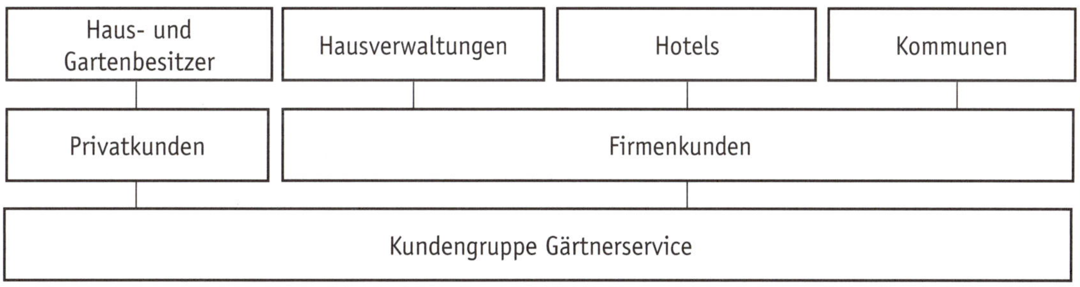

Beispiel: Buchhaltungsservice für Existenzgründer, Steuerberater und kleine Unternehmen

Geschäftsmodell

Andrea Vogt bietet Existenzgründern, Steuerberatern sowie kleinen Unternehmen Dienstleistungen im Bereich Buchhaltung an. Dazu gehören die Verbuchung laufender Geschäftsvorfälle, Lohn- und Gehaltsabrechnung, das Prüfen von Controllingberichten und Office-Management.

4. Zielgruppe 1

4.1 Aktionsradius

Der Aktionsradius meiner Unternehmung wird anfänglich der Großraum Frankfurt sein. Da die Verbuchung laufender Geschäftsvorfälle keinen unmittelbaren Kundenkontakt erfordert, plane ich nach erfolgreichem Markteintritt die Ausweitung des Einzugsgebiets meiner Kunden auf den gesamtdeutschen Raum.

4.2 Kundengruppe

Die Zielgruppe setzt sich 2 aus Einzelunternehmern und kleinen bis mittleren Unternehmen zusammen, für die es sich nicht lohnt, eine eigene Buchhaltungsabteilung zu führen, oder die diesen Bereich aus ihrem Unternehmen ausgliedern möchten. Potenzielle Kunden stammen aus allen Branchen, es werden diesbezüglich keine Einschränkungen vorgenommen.

4.3 Bedürfnisse der Zielgruppe

Mit der Ausgliederung ihrer Buchhaltung erhoffen sich die Kunden, Kosten zu senken – bei hoher Qualität und geringerer Bearbeitungszeit. Aufgrund meiner langjährigen Arbeitserfahrung und zusätzlichen Weiterbildungen auf diesem Gebiet denke 3 ich, diesen Ansprüchen gerecht werden zu können.

Unser Feedback

1 Überschrift „Zielgruppe“

Die Überschrift „Zielgruppen“, also im Plural, wäre hier treffender, da in diesem Kapitel, soweit sinnvoll, der Kundenkreis eines Unternehmens segmentiert werden sollte. Bei Frau Vogts angestrebter Geschäftstätigkeit ist das problemlos möglich, sodass sich mehrere Kundengruppen ergeben.

2 Segmentierung der Kundengruppe

Allerdings hat Frau Vogt ihre Zielgruppen nicht ausreichend differenziert. Die Gründerin könnte sie noch besser voneinander abgrenzen und ihre spezifischen Eigenschaften deutlicher herausarbeiten. Für den Leser ist zudem interessant, welche Dienstleistungen Frau Vogt den einzelnen Kundengruppen anbietet und welche Wichtigkeit sie jeweils haben.

3 Mehr Selbstbewusstsein!

Formulierungen wie „ich denke“, „ich hoffe“ oder „ich würde gerne“ streichen Sie am besten ganz aus Ihrem Businessplan. Denn sie vermitteln dem Leser Unsicherheit und den Eindruck, als seien Sie von Ihrem Konzept selbst nicht überzeugt. Frau Vogt könnte den Satz treffender formulieren und so ausdrücken, dass sie die Ansprüche ihrer Kunden erfüllen wird.

Fazit

Die Beschreibung der Zielgruppen ist Frau Vogt bis auf die Segmentierung gut gelungen. Bei der Überarbeitung sollte sie überlegen, wie sich ihre Kundschaft weiter differenzieren lässt. Es wäre gut, wenn sie ihre Kundengruppen so voneinander abgrenzt, dass die einzelnen Segmente untereinander möglichst unterschiedlich (heterogen) und in sich möglichst gleichartig (homogen) sind.

Wie viele Segmente definiert werden können, hängt vom spezifischen Geschäftsmodell ab. Beschränken Sie die Anzahl auf jeden Fall auf ein praktikables Maß, da Sie in den kommenden Kapiteln immer wieder auf diese Struktur zurückkommen werden. Empfehlenswert sind maximal drei bis vier Segmente.

Beispiel: Buchhaltungsservice für Existenzgründer, Steuerberater und kleine Unternehmen

4. Zielgruppen

4.1 Aktionsradius

Der Aktionsradius meiner Unternehmung wird anfänglich der Großraum Frankfurt sein. Da der Bereich der Gehaltsabrechnung keinen unmittelbaren Kundenkontakt erfordert, plane ich nach erfolgreichem Markteintritt die Ausweitung des Einzugsgebiets meiner Kunden für diesen Bereich auf das gesamte Bundesgebiet.

4.2 Zielgruppen

Die Kundengruppe lässt sich in vier verschiedene Kategorien unterteilen, die aus verschiedenen Motiven heraus ihre Buchhaltung ausgliedern.

1. Existenzgründer, die ich von Beginn an unterstütze, indem ich ihre Buchhaltung aufbaue.
2. Steuerberater, die ich entlaste, indem ich das Buchen laufender Geschäftsvorfälle in der Buchhaltung ihrer Kunden für sie erledige.
3. Eher kleine Firmen mit weniger als zehn Mitarbeiter, deren komplette Buchhaltung ich übernehme.
4. Firmen mit Englisch als Geschäftssprache, für die ich das Verbuchen laufender Geschäftsvorfälle in englischer Sprache durchführe.

Gruppe 1 wird zu Beginn den Schwerpunkt meiner Geschäftstätigkeit darstellen. Sobald eine Grundauslastung erreicht ist, werde ich mich stärker in Richtung der Segmente 2 sowie vor allem 3 und 4 orientieren.

4.3 Bedürfnisse der Zielgruppen

Existenzgründer legen vor allem Wert auf geringe Kosten und auf Wissenstransfer. Sie wollen die Buchungsvorgänge verstehen und nachvollziehen können, wie sich die Zahlungsströme in ihrem neu gegründeten Unternehmen gestalten.
Für Steuerberater ist absolute Zuverlässigkeit von Bedeutung, da sich die Arbeit der von ihnen beschäftigten Buchhalter auf ihren Ruf und ihr Standing bei den Kunden auswirkt. Außerdem ist hier ordentliches Arbeiten besonders wichtig, da der Steuerberater auf Basis meiner Buchungen den Jahresabschluss erstellt.
Die Firmen schließlich wünschen sich selbständiges Arbeiten und eine verlässliche Zuordnung der einzelnen Kostenarten. Außerdem ist hier Stressresistenz gefragt, wenn am Monatsende beziehungsweise -anfang die Gehalts- und Reisekostenabrechnungen anstehen.
Firmen mit Englisch als Geschäftssprache freuen sich über deutsche Buchhalter, die auch auf Englisch sicher arbeiten können.

Auf den Punkt gebracht: Basics, Tipps und Tricks

Es lohnt sich, einige Zeit zu investieren, um Ihren Aktionsradius und Ihre Zielgruppe(n) abzugrenzen, denn auf dieser gedanklichen Grundlage baut der Rest des Businessplans auf. Im Folgenden erfahren Sie, wie Sie dabei vorgehen, nach welchen Kriterien Sie Teilzielgruppen unterscheiden („segmentieren") und wie Sie Ihr Ergebnis professionell darstellen.

Aktionsradius

Den Aktionsradius Ihrer Geschäftstätigkeit bestimmen Sie abhängig von Ihrem Geschäftsmodell. Beim stationären Einzelhandel und bei lokalen Dienstleistungen beschränkt er sich meist auf das unmittelbare Umfeld im Umkreis von wenigen Kilometern. Die Zielregion eines gehobenen Restaurants hingegen kann durchaus eine ganze Großstadt umfassen. Einen nationalen oder gar internationalen Aktionsradius haben zum Beispiel Gründer mit Online-Angeboten oder Produkten, die überregional über den Handel vertrieben werden.
Die genaue Abschätzung Ihres Aktionsradius ist von zentraler Bedeutung. Einerseits ist sie Voraussetzung, um die Marktnachfrage zu bestimmen, andererseits Basis für Ihre Marketingstrategie. Denken Sie ausgiebig darüber nach, wie weit Sie fahren würden, um Ihre Leistung an den Kunden zu bringen, oder wie weit Ihre Kunden anreisen würden, um Ihre Leistungen in Anspruch zu nehmen.

Kein Produkt ist für alle interessant

Viele Gründer unterschätzen die Wichtigkeit der Zielgruppensegmentierung und gliedern ihre Kundengruppen entweder gar nicht oder zu grob. Oft wird angegeben, dass die potenziellen Kunden „alle sind, die sich angesprochen fühlen". Doch kein Produkt und keine Dienstleistung ist für *alle* relevant. Auch können Sie mit Ihrem begrenzten Werbebudget nur bestimmte Zielgruppen ansprechen. Konzentrieren Sie sich also auf eine oder einige wenige Kundengruppen und richten Sie Leistungen, Preispolitik sowie Kommunikationsmaßnahmen optimal auf diese aus.
Und aus einem weiteren Grund ist eine gelungene Marktsegmentierung von Bedeutung: Wenn Sie diese Strukturen erst einmal erarbeitet haben, können Sie sich beim Schreiben des restlichen Businessplans jederzeit daran orientieren. Damit sorgen Sie für Stimmigkeit, die es dem Leser erleichtert, Ihren Ausführungen zu folgen.

Gut zu wissen

Priorisieren Sie Ihre Kundengruppen

Ein Weg, um die Geschäfte zu verbessern, ist die Fokussierung auf die gewinnträchtigsten Kundengruppen. Darum geht es bei dem nach seinem „Entdecker" Vilfredo Pareto (1848–1923, italienischer Ingenieur, Ökonom und Soziologe) benannten „Pareto-Prinzip". Sicher ist es Ihnen schon unter dem Namen „80/20-Regel" begegnet. Es besagt, dass Sie in vielen Bereichen 80 Prozent des Ergebnisses mit nur 20 Prozent des Aufwands erreichen können.
Das Pareto-Prinzip gilt auch für den Gewinn Ihres Unternehmens. Die Erfahrung hat gezeigt, dass Unternehmen 80 Prozent ihres Gewinns mit nur 20 Prozent der Kunden generieren. Aus finanzieller Sicht sind also nicht alle Kunden gleich „wertvoll". Sparen Sie daher Ihre Ressourcen und konzentrieren Sie sich auf die profitabelsten Kundensegmente.

Zielgruppenbeschreibung

Eine Zielgruppe lässt sich sowohl nach „harten" als auch nach „weichen" Kriterien beschreiben. Harte Kriterien sind dadurch gekennzeichnet, dass sie sich in einem Wert oder einem Begriff objektiv ausdrücken lassen. Dazu gehören zum Beispiel die folgenden:

Privatkunden	**Firmenkunden**
Geografische Merkmale • Regionen • Staaten *Demografische Merkmale* • Alter • Geschlecht • Familienstand • (Verfügbares) Einkommen • Bildungsstand • Beruf • Religion • Nationalität	• Branche • Unternehmenstyp (öffentlicher oder privater Sektor) • Unternehmensgröße • Geografische Lage • Nutzungsintensität • Einkaufsverhalten

Weiche Kriterien lassen sich dagegen nur subjektiv fassen. Hierzu zählen Lebensumstände, Charaktereigenschaften, Interessen oder Werte, zum Beispiel modebewusst, internetaffin, pflegebedürftig, kostenbewusst, qualitätsbewusst, konservativ oder aufgeschlossen. Bei Firmen geht es eher um Merkmale wie Innovationsbereitschaft oder Kosten- und Qualitätsbewusstsein.
In der Regel werden diese Kriterien kombiniert. Wenn Sie in Ihrem Geschäftsfeld also Zusammenhänge zwischen einzelnen harten und weichen Kriterien sehen, arbeiten Sie sie heraus. So könnten zum Beispiel modebewusste und qualitätsbewusste Käufer teurer Schuhe vornehmlich weiblich sowie zwischen 30 und 40 Jahre alt sein und über ein gehobenes Einkommen verfügen.

Positionierung der Zielgruppen in einem Portfolio

Sie wollen Ihre Zielgruppensegmente übersichtlich darstellen? Wenn sich Ihr Kundenkreis anhand zweier Dimensionen kategorisieren lässt, ist dazu eine Vier-Felder-Matrix mit zwei Spalten und zwei Zeilen bestens geeignet. Bennenen Sie die Zielgruppen der Matrix möglichst griffig. Unser Beispiel einer Sattlerei zeigt, wie eine Matrixdarstellung anhand der Dimensionen „Angebot" und „Kunden" erfolgen kann.

Angebot / **Kunden**	**Autosattlerei**	**Modesattlerei**
Firmenkunden	Autowerkstätten, Autohäuser, Fuhrparks	Modedesigner (Fertigung von Prototypen)
Privatkunden	Fahrer von Autos mit Lederausstattung	Besitzer von Lederkleidung und -accessoires

Sie können in die Matrix auch andere Dimensionen eintragen, bei Privatpersonen beispielsweise das Geschlecht (m/w) oder die Lebenssituation (Single/Familie). Bei Firmenkunden wäre die Branche oder die Unternehmensgröße (KMU/Großunternehmen) eine Möglichkeit. Wie Sie die

Dimensionen kombinieren, bleibt Ihnen überlassen. Wichtig dabei ist, dass die gebildeten Zielgruppen der MECE-Regel (siehe Seite 55) entsprechen. Sind die Zielgruppen überschneidungsfrei und repräsentieren sie zusammen betrachtet die Gesamtheit Ihres Kundenkreises?

Manchmal sind mehrere Anläufe nötig, um die richtigen Dimensionen zu finden. Scheuen Sie trotzdem nicht die Mühe und versuchen Sie, Ihre Kunden in eine Vier-Felder-Matrix einzusortieren. Das hat zum einen den Vorteil, dass Sie beim Leser durch eine übersichtliche Darstellung punkten werden, zum anderen können Sie sich im gesamten Businessplan auf diese Struktur stützen. Ist es nur mit großen Schwierigkeiten möglich, die Kunden in vier trennscharfe Gruppen einzuteilen, verzichten Sie aber lieber auf die Matrix-Strukturierung.

8. Das Spielfeld für Ihr Business: der Markt

Am Markt treffen Angebot und Nachfrage aufeinander. Der Anbieter, der auf die Nachfrage am besten eingeht, macht das Geschäft. Beweisen Sie in diesem Kapitel, dass Sie den für Ihr Angebot relevanten Markt verstanden haben und wissen, wie groß er ist.

Definieren Sie zunächst, auf welchem (Teil-)Markt Sie sich bewegen, und grenzen Sie ihn so genau wie möglich ein. Nehmen wir beispielsweise an, Sie haben sich als regionaler IT-Dienstleister auf die Programmierung in Java spezialisiert. Der für Sie relevante Markt ist dann nicht der „deutsche IT-Markt" oder der „Markt für IT-Dienstleistungen", sondern der entsprechende „regionale Markt für Java-Programmierung".

Beziehen Sie sich in allen weiteren Ausführungen genau auf Ihren definierten Zielmarkt und machen Sie nur Angaben, die für ihn von Bedeutung sind. In Ihrer Darstellung beschreiben Sie seine Strukturen und Mechanismen und gehen zudem auf die konjunkturelle Lage Ihrer Branche, Markteintrittsbarrieren, Preis- beziehungsweise Innovationsdruck sowie die Veränderungsgeschwindigkeit des Markts ein. Beschreiben Sie auch besondere Merkmale wie typische Vertriebsstrukturen, Wechselbereitschaft der Kunden und rechtliche Rahmenbedingungen.

Auch die Größe des Zielmarkts spielt eine Rolle. Sie können sie auf verschiedene Weise bestimmen, entweder als die Anzahl potenzieller Kunden oder als den aktuellen Umsatz.

Betrachten Sie den Markt überdies nicht nur in seiner heutigen Form, sondern richten Sie Ihren Blick auch auf seine künftige Entwicklung. Zeigen Sie auf, wie sich die Strukturen und die Größe verändern werden, und analysieren Sie die Haupteinflussfaktoren dabei, zum Beispiel neue Technologien, geänderte Nachfrage, neue Marktteilnehmer, Wettbewerbsprodukte oder Gesetzesänderungen.

An dieser Stelle Ihres Businessplans kann es sinnvoll sein, den von Ihnen angestrebten Marktanteil zu nennen. Stellen Sie dazu die von Ihnen erwarteten Umsätze (laut Zahlenteil) der Marktgröße gegenüber.

Leitfragen

- **Um welche Branche (welchen Markt) handelt es sich? Wie lässt sich Ihr Markt so genau wie möglich eingrenzen?**
- **Durch welche Strukturen und Besonderheiten ist der Markt gekennzeichnet?**
- **Wie groß ist Ihr Markt?**
- **Wie hat sich der für Sie relevante Markt in der Vergangenheit entwickelt? Welche zukünftige Entwicklung ist absehbar?**
- **Welche Faktoren beeinflussen die Entwicklung des Markts? Vor welchen Herausforderungen steht die Branche? Welche Trends sind absehbar?**
- **Welchen Marktanteil streben Sie an? Ist das realistisch?**

Beispiel: E-Mail-Portal für Golfer

Geschäftsmodell

Das Online-Angebot „Golfermail" bietet den Nutzern einen leistungsfähigen Webmail-Dienst. Das Portal möchte sich zum exklusiven Netzwerk entwickeln, über das die Mitglieder Kontakte knüpfen, Themen diskutieren und sich zum Golfspiel verabreden können.

5. Markt: Der E-Mail-Markt

5.1 Marktentwicklung und Marktvolumen

Laut einer aktuellen Studie der Bundesnetzagentur in Zusammenarbeit mit der Micus Management Consulting GmbH von Oktober 2006 sind für die kommenden Jahre im deutschen E-Mail-Markt 1 weiterhin hohe Wachstumsraten zu erwarten. Besondere Wachstumschancen haben Internetdienstleister, die verschiedene Nutzungsmöglichkeiten in einem Service zusammenfassen.[1] Da „Golfermail" verschiedene Internetdienste verbindet, ist das Portal demnach für die zukünftige Entwicklung sehr gut aufgestellt.

Derzeit nutzen knapp 60 Prozent der Deutschen das Internet, von denen wiederum 85 Prozent E-Mail als regelmäßiges Kommunikationsmittel verwenden. Die absolute Anzahl an registrierten E-Mail-Accounts liegt bei 75 Millionen[2] – allerdings ist diese Zahl nur bedingt 2 aussagekräftig, da davon auszugehen ist, dass die meisten E-Mail-Nutzer mehrere E-Mail-Adressen unterhalten. Die Arbeitsgemeinschaft Online-Forschung e. V. (AGOF) geht von 40 Millionen E-Mail-Nutzern aus.[3]

Das Gesamtmarktvolumen für E-Mail und verbundene Dienste, wie zum Beispiel Webportale, Webhosting-Produkte und Internetzugänge, beträgt derzeit in Deutschland allein im Privatkundengeschäft 3,7 Milliarden Euro.[4] In den kommenden Jahren sind weiterhin hohe Wachstumsraten für den deutschen E-Mail-Markt zu erwarten.

Da das Portal „Golfermail" zwar primär als E-Mail-Service-Provider fungiert, sich allerdings eine 3 Community- und Netzwerk-Plattform für spezielle Themengebiete in der Entwicklung befindet, ist auch die Entwicklung in diesem Sektor interessant. Allgemein lässt sich sagen, dass in den letzten zwei bis fünf Jahren ein wahrer Boom bei Community-Plattformen entstanden ist. Allerdings richten sich die großen Plattformen (zum Beispiel myspace.com, studivz.de oder facebook.com) selten an spezielle Interessengruppen, sondern vereinen verschiedene Bevölkerungsschichten. Xing (ehemals openBC) soll als weiteres Beispiel herangezogen werden, da es eine Community- und Netzwerk-Plattform zur Entstehung, zum Austausch und zur Aufrechterhaltung von Geschäftskontakten darstellt. Xing ist eine für erweiterte Nutzung kostenpflichtige Plattform, die im Geschäftsjahr 2005/2006 5,99 Millionen Euro umgesetzt hat.[5] Die Mitgliederzahlen sind allein im letzten Geschäftsquartal 2005/2006 um 23 Prozent auf 1,5 Millionen Mitglieder gestiegen, 4 wobei 13 Prozent der Mitglieder, also knapp 200.000, eine kostenpflichtige Mitgliedschaft (5,95 Euro/Monat) haben. „Golfermail" richtet sich an eine noch spezifischere Interessengruppe, die innerhalb eines exklusiven Netzwerks Erfahrungen austauschen, Kontakte knüpfen, Themen diskutieren und Termine ausmachen kann.

---

1 Quelle: Bundesnetzagentur, Marktstudie – E-Mail-Anbieter in Deutschland
2 Ebenda
3 Quelle: AGOF internet facts 2006-II
4 Quelle: Bundesnetzagentur, Marktstudie – E-Mail-Anbieter in Deutschland
5 Quelle: Xing Geschäftsbericht Rumpfjahr 2006

Unser Feedback

1 **Gute Einführung**

Dem Gründerteam gelingt ein guter Einstieg in das Kapitel, indem es im ersten Absatz eine Zusammenfassung des Folgenden liefert. Der Leser erfährt sofort, um welchen Markt es sich handelt, aber noch wichtiger, welches Potenzial die Geschäftsidee in sich birgt. Mit den späteren Ausführungen werden diese Aussagen untermauert. Dadurch, dass das Ergebnis der Marktanalyse bereits zu Beginn erwähnt wird, entsteht Spannung beim Leser, welche Details zur Sprache kommen werden. Leser mit wenig Zeit haben zudem die Möglichkeit, schnell die Essenz des Kapitels zu erfassen.

2 **Angaben hinterfragen**

Das Marktvolumen wird ganz richtig sowohl in Nutzerzahlen als auch in erwirtschaftetem Umsatz innerhalb des Zielmarkts angegeben. Besonders positiv hervorzuheben ist, dass die erste Angabe zu der Nutzerzahl (75 Millionen) durch die Nennung der zweiten Studie mit einer geringeren Nutzerzahl (40 Millionen) relativiert wird. Hier zeigen die Gründer, dass sie die recherchierten Daten kritisch reflektieren. Indem sie dem Leser ihre Zweifel und eigenen Gedanken mitteilen, verleihen sie den Angaben mehr Glaubwürdigkeit.

3 **Strukturierung**

Positiv hervorzuheben ist die Zweiteilung des Textes zum Marktvolumen. Zunächst werden Volumen und Wachstum des E-Mail-Markts behandelt, erst dann folgen die Ausführungen zu Community- und Netzwerk-Plattformen. Wenn sich ein Vorhaben über mehrere Marktsegmente erstreckt, ist es sinnvoll, diese getrennt und nacheinander zu behandeln. So lässt sich der Text sinnvoll strukturieren.

4 **Marktvolumen noch genauer beziffern**

Die Ausführungen zum Marktvolumen im Bereich Community- und Netzwerk-Plattformen zeigen, dass es sich hier um einen Wachstumsmarkt handelt. Die Frage nach der Entwicklung ist somit beantwortet. Nicht so eindeutig wird das Marktvolumen bestimmt. Eventuell finden die Gründer eine Studie oder einen Presseartikel, der genaue Anhaltspunkte dazu enthält. Sind solche Zahlen nicht verfügbar, kann das Gründerteam versuchen, von Xing auf den Gesamtmarkt zu schließen. Ist auch das nicht seriös möglich, so wäre es sinnvoll, den Zusammenhang zwischen Xing und Golfermail herauszuarbeiten. Was lässt sich von diesem Beispiel lernen? Was folgt daraus für das eigene Vorhaben?

Beispiel: E-Mail-Portal für Golfer (Fortsetzung)

5.2 Marktpotenzial

In Deutschland waren im Jahr 2005 ca. 507.000 Golfspieler in deutschen Golfclubs beziehungsweise im Verein clubfreier Golfer organisiert.[6] Die Altersverteilung entspricht der folgenden Grafik.

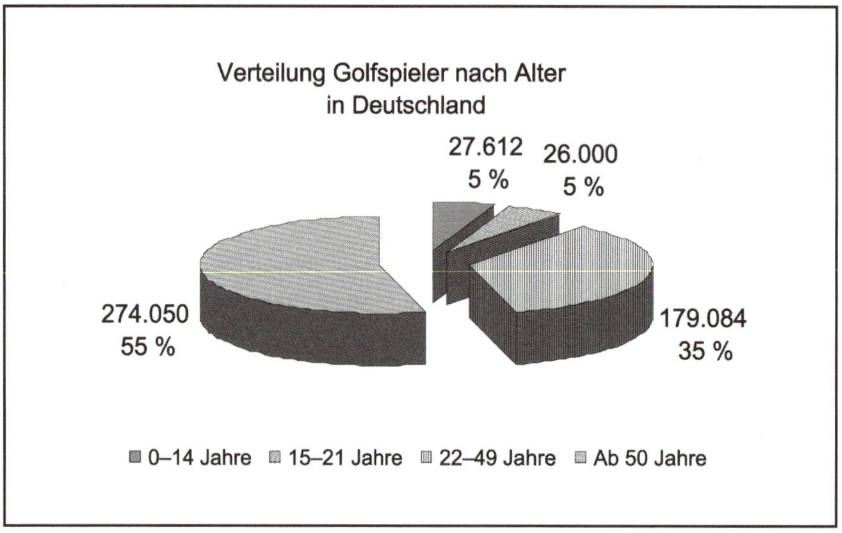

Quelle: Deutscher Golfverband e.V. – 31.12.2005

In Österreich, dem zweiten Kernmarkt von „Golfermail", gehörten laut des Österreichischen Golf-Verbands (ÖGV) am 30.09.2006 genau 95.833 Golfer einem Verein an. Die Altersstruktur kann der folgenden Grafik entnommen werden.

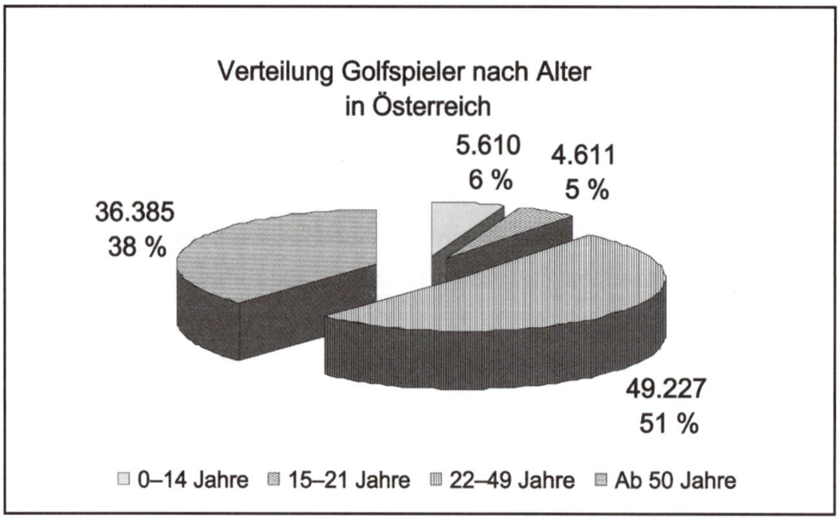

Quelle: Österreichischer Golfverband – 30.09.2006

Die Zielgruppe umfasste damit im Jahr 2005 in Deutschland und Österreich ca. 600.000 Personen. Da von einem kontinuierlichen Wachstum der Größe der Zielgruppe auszugehen ist, nehmen wir für 2007 eine Zahl von knapp 700.000 Golfern in den Zielländern an. Mit 41.000 Nutzern (siehe Zahlenteil) erreicht „Golfermail" einen Marktanteil von knapp sechs Prozent.

6 Deutscher Golfverband e.V. – 31.12.2005

Unser Feedback (Fortsetzung)

5

Definition der potenziellen Kunden

Nach einer genauen Zielgruppendefinition im vorherigen Abschnitt gehen die Gründer hier wieder von der Gesamtzahl der Golfer aus. Denn wenn sie die Menge der E-Mail-nutzenden Golfer nur grob schätzen können, ist es besser, den Marktanteil auf Basis der Gesamtzahl der Golfer – die ja vorliegt – zu ermitteln. So wichtig eine genaue Eingrenzung der Zielgruppe ist, seriöse Aussagen über den Marktanteil lassen sich nur auf Basis verlässlicher Zahlen treffen.

Fazit

Dieses Kapitel des Gründerteams ist ein vorbildliches Beispiel für die Betrachtung eines überregionalen Markts. Als Quellen dienen Studien und Geschäftszahlen vergleichbarer Anbieter. Die Ausführungen ergeben schlüssig, dass für das geplante E-Mail-Portal ein ausreichend großer Markt vorhanden ist, bei dem auch in Zukunft mit hohen Wachstumsraten gerechnet werden darf. Das Kapitel ist gut strukturiert, alle Angaben sind anhand von Quellenangaben untermauert. Mit den Grafiken werden darüber hinaus wichtige Sachverhalte verdeutlicht.

Tipp

Vorsicht vor subjektiven Interpretationen

Wenn Sie für Ihren (Teil-)Zielmarkt Daten recherchieren, geht es auch darum, die Glaubwürdigkeit der Quellen zu prüfen. Hinterfragen Sie, ob der Verfasser mit seinen Aussagen womöglich eigene wirtschaftliche Interessen verfolgt. Oft ist dies zum Beispiel bei privatwirtschaftlichen Interessenvertretungen, Angaben in Geschäftsberichten oder Zitaten von Unternehmensvertretern der Fall.

Wenn Sie selbst Primärdaten erheben, ist es ebenfalls wichtig, dass Sie darauf achten, diese nicht mit Ihren subjektiven Einschätzungen zu vermischen. Stellen Sie erst die Fakten dar und machen Sie Ihre Interpretation als eine solche kenntlich.

Beispiel: Italienisches Mittagsrestaurant

Geschäftsmodell

Sascha Kastner eröffnet in einem belebten Münchener Büropark ein Mittagsrestaurant mit schneller und guter italienischer Küche. Am Abend zieht ein Diskjockey auch Lounge-Gäste an.

5. Markt

Vorbemerkung

Laut einer Studie des Deutschen Hotel- und Gaststättenverbands ist die Schnellgastronomie weiterhin auf Expansionskurs. In diesem Bereich der Gastronomie ist im Gegensatz zu Schankbetrieben und klassischen Restaurants mit einer deutlichen Stabilisierung der Umsatzentwicklung und sogar mit einer leichten Umsatzzunahme zu rechnen. Die generelle Flaute in der Gastronomie erstreckt sich nicht auf den Quick-Service-Bereich, da dieser der Sparsamkeit der Kunden entgegenkommt.[1]

Marktstandort

Der genaue Standort des geplanten Gastronomiebetriebs liegt am Rosenkavalierplatz im Arabellapark München. Ich gehe von ca. 10.000 Beschäftigten in den umliegenden Bürogebäuden aus.[2] Daneben tragen auch die umliegenden Anwohner des Rosenkavalierplatzes (aktuell etwa 3.300) sowie Einkäufer aus weiter entfernten Einzugsgebieten zur Marktgröße bei.

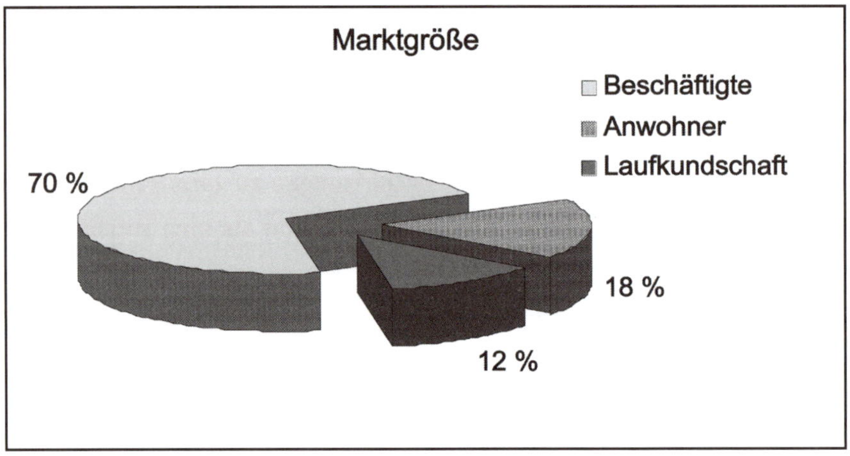

Marktvolumen

Die ansässige Gastronomie kann in drei Bereiche untergliedert werden: Restaurants, Cafés/Imbisse und Kantinen. Während der Mittagszeit werden insgesamt über 4.100 Mahlzeiten serviert. Bei einem Marktvolumen von ca. 12.900 potenziellen Gästen entspricht dies einer Ausnutzung des Marktpotenzials von knapp 32 Prozent.

Die Nebenzeit wird maßgeblich vom Abendgeschäft von 19:00 bis 21:00 Uhr bestimmt. Kantinen und Imbissmöglichkeiten sind hier geschlossen, die Restaurants teilen sich das Geschäft untereinander auf.

1 Quelle: Branchenbrief „Imbiss/Schnellrestaurant", Volksbanken Spar- und Darlehnskassen Westfalen; 11/200_

2 Eigene Markterhebung, Befragung der Unternehmen vor Ort

Unser Feedback

1 **Eigene Markterhebung**

Herr Kastner hat zur Bestimmung des Marktvolumens selbst eine Erhebung durchgeführt. Da es sich bei dem Vorhaben des Gründers um eine lokale Dienstleistung handelt, ist er genau richtig vorgegangen, indem er nur das unmittelbare Umfeld seines Restaurants einbezogen hat. Um die Gültigkeit der Daten zu untermauern, sollten die detaillierten Ergebnisse und eine Beschreibung der Vorgehensweise im Anhang beigefügt werden.

2 **Grafiken**

Durch die Grafiken werden quantitative Sachverhalte übersichtlich dargestellt. Gut ist dabei, dass Herr Kastner für beide Grafiken die gleiche Darstellungsform – nämlich dreidimensional – gewählt hat; aber auch die Legende, die Grafiküberschriften und die sich innerhalb der Grafiken deutlich voneinander abhebenden Farben beziehungsweise Schraffuren sind positiv anzumerken. Die obere Grafik stellt allerdings nur den Prozentwert der Laufkundschaft dar, ohne dass deren absolute Anzahl im Fließtext genannt wird. Zwar kann der Leser diese Zahl selbst berechnen, doch das ist nicht besonders leserfreundlich und nicht der Sinn eines Businessplans. Es gilt also: Wenn Sie Prozentwerte verwenden, dann geben Sie stets auch die entsprechenden Absolutwerte an.

3 **Angaben begründen**

Die Darstellung der Mittagsmahlzeiten macht deutlich, dass um den Rosenkavalierplatz herum eine große Nachfrage nach Mittagessen besteht. Ob die Marktsättigung von 32 Prozent weiteres Potenzial bietet, bleibt allerdings offen. Um dazu eine Aussage treffen zu können, bedarf es weiterer Informationen, zum Beispiel die Anzahl der vor Ort vorhandenen Sitzplätze sowie die jeweilige Auslastung.
Zudem bleibt unklar, auf welcher Grundlage Herr Kastner seine Berechnung durchführt. Einerseits sollte er darlegen, woher die Zahl von 4.100 Mittagsmahlzeiten stammt, und zum anderen stimmt die Anzahl der potenziellen Kunden von 12.900 nicht mit dem zuvor im Abschnitt „Marktstandort" ermittelten Marktpotenzial überein.

Beispiel: Italienisches Mittagsrestaurant (Fortsetzung)

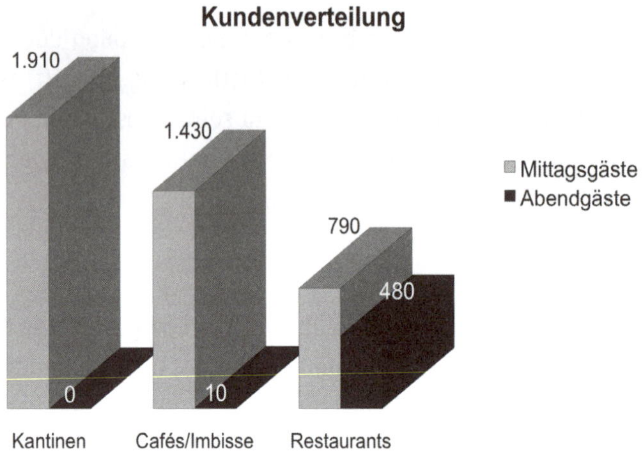

Marktschwankungen

Der Markt ist einigen Schwankungen unterworfen. Zum einen saisonal: In den Sommermonaten wird ein höherer Umsatz erwartet als im Winter. Wenn aufgrund des Wetters die Nachfrage steigt, kann auch das Platzangebot nach außen hin erweitert werden.

Zum anderen gibt es konjunkturelle Merkmale des Markts. Bei schwächerer Konjunktur kann die Standortattraktivität abnehmen. Die Folge wäre ein erhöhter Leerstand und eine zurückgehende Nachfrage durch Büromitarbeiter.

Unser Feedback (Fortsetzung)

4 **Marktschwankungen als Marktspezifikum**

Der Gründer führt zum Schluss noch wichtige Merkmale des Gastronomiemarkts an. Er sollte diese auf jeden Fall in den späteren Kapiteln „Marketing und Vertrieb", „Zukunftsperspektiven" sowie im Zahlenteil wiederaufgreifen. Hier kann er darlegen, wie er mit entsprechenden Marketingmaßnahmen auf die saisonalen und konjunkturellen Schwankungen reagieren will und welche Effekte auf seinen Umsatz zu erwarten sind.

Fazit

Die Marktanalyse von Herrn Kastner stellt ein gelungenes Beispiel für eine Gründung mit regional begrenztem Einzugsgebiet dar. Da für den relevanten Markt keine veröffentlichten Zahlen zur Verfügung stehen, hat der Gründer die Erhebung selbst durchgeführt und ausgewertet. So hat er nicht nur hilfreiche Informationen erhalten, sondern bereits erste Kontakte zu seinen potenziellen Kunden und Wettbewerbern aufgenommen. Der Gründer hätte allerdings weitere Daten, zum Beispiel über die Auslastung der anderen Marktteilnehmer, ermitteln sollen.

Tipp

Quellenangaben

In das Kapitel „Markt" werden viele Informationen externer Stellen einfließen. Geben Sie dabei immer die entsprechenden Quellen an, damit der Leser nachvollziehen kann, woher Sie Ihre Daten haben. Es gibt verschiedene Vorgaben, wie Quellen anzugeben sind, gängig sind die folgenden Formate.

Bücher

Lutz, Andreas/Bussler, Christian (2007): Businessplan-Mappe. 40 Beispiele aus der Praxis. Wien: Linde Verlag

Artikel

Lutz, Andreas (2006): Ihr Lohn als Chef. In: StartingUp, Nr. 04/06, Seite 18–20

Internet

Lutz, Andreas: Ganz konkret: So gelingt der Textteil Ihres Businessplans. http://www.jeder-ist-unternehmer.de/businessplan/businessplan-basics/textteil.html, abgerufen am 28.10.2007

Beispiel: Veranstaltungstechnik

Geschäftsmodell

Markus Popp ist als freier Veranstaltungstechniker für verschiedene Unternehmen tätig. Außerdem verleiht sein Unternehmen MME, MoJo's Music Equipment, Licht- und Tontechnik einschließlich des Transports, Auf- und Abbaus.

5. Der Markt

5.1 Marktpotenzial

[1] Im Sektor Veranstaltungstechnik werden ständig Kräfte gesucht. [2] Im Zuge der verschärften Sicherheitsbestimmungen der Versammlungsstättenverordnung sind natürlich qualifizierte Arbeitskräfte gewünscht. In Hinsicht auf die sich ständig ändernde Technik muss ein hohes Maß an Flexibilität an den Tag gelegt werden. Wenn man unter anderem über diese beiden Eigenschaften verfügt, bietet einem dieser Sektor auch ausreichend Arbeit.

Auch im Bereich Verleih und Eventmanagement sind genügend Aufträge vorhanden, da immer mehr Veranstalter, Bands und Gastronomen lieber mehr Budget für eine reibungslos ablaufende Veranstaltung aufwenden. Der Trend dazu [3] begründet sich darin, dass die Auftraggeber bei einem Billigunternehmen während der Veranstaltung permanent mit der Angst leben müssen, dass einiges fehlerhaft läuft und daraus enorme Probleme entstehen können. Daher wird lieber etwas mehr investiert, um dieses Risiko zu minimieren.

Unser Feedback

1 Unvermittelter Einstieg

Der Einstieg in das Kapitel erfolgt etwas abrupt. Der Gründer sollte zunächst einmal die beiden Märkte in seinem Aktionsradius beschreiben. Im Weiteren sollte Herr Popp auf Strukturen und Mechanismen der beiden Märkte eingehen und herausarbeiten, welche Chancen sich dort bieten.

2 Einschätzungen kaum begründet

Die vom Gründer getroffene Aussage über die Möglichkeiten in der Branche, nämlich dass in der Veranstaltungstechnik „ständig Kräfte gesucht" werden, entspricht sicherlich seiner persönlichen Erfahrung. Um einen fachfremden Leser von den Marktpotenzialen zu überzeugen, sollte Herr Popp diese Einschätzungen allerdings genau begründen. Dies kann er zum Beispiel tun, indem er erläutert, warum die Verschärfung der Sicherheitsbestimmungen zu mehr Bedarf an qualifizierten Arbeitskräften führt.

3 Bedeutung von Trends

Herr Popp beschreibt den sicherlich interessanten Trend, dass immer aufwendigere Veranstaltungen stattfinden. Es wird allerdings nicht klar, warum das zu „genügend Aufträgen" führt. Machen Sie solche Zusammenhänge auch für branchenfremde Leser unmissverständlich klar.

Fazit

Herr Popp beschreibt den Markt so, wie er ihn aus seinen Erfahrungen als Nebenberufler kennt. Leider kann ein Außenstehender nicht verstehen, auf welchen Grundlagen seine Einschätzungen beruhen, ob die Situation dauerhaft besteht und wie sich der Markt in Zukunft entwickeln wird. Herr Popp kommt nicht drum herum, seinen Zielmarkt so grundlegend zu beschreiben, dass dessen Strukturen auch für einen Branchenfremden nachvollziehbar werden. Hierzu gehören eine nachvollziehbare Begründung seiner Aussagen sowie die detaillierte Beschreibung der Marktstrukturen und -trends.

Tipp

Nutzen Sie die Erfahrung eines Unternehmensberaters

Viele Gründer tun sich mit dem Kapitel „Markt" besonders schwer, da sie mit den Methoden und Recherchetechniken nicht vertraut sind. Wenn Sie einen Unternehmensberater beauftragen, können Sie von seinem Know-how hinsichtlich der Strukturierung, seinem Zugang zu Datenquellen und seiner Erfahrung bei der Interpretation und Aufbereitung des Datenmaterials profitieren.

Beispiel: Veranstaltungstechnik

5. Der Markt

5.1 Marktpotenzial

Die Firma MME ist in zwei Märkten aktiv: Einerseits im Sektor Veranstaltungstechnik und andererseits im Bereich Verleih und Eventmanagement. In beiden Märkten sind die Eintrittsbarrieren für neue Anbieter hoch, da bereits jetzt durch die hohe Zahl der Anbieter ein starker Preisdruck besteht. Sehr gute Chancen bieten sich jedoch für freie Mitarbeiter, die von den bereits etablierten Firmen flexibel und damit kostengünstig eingesetzt werden können. Diese Einschätzung hat sich mehrfach während meiner nebenberuflichen Tätigkeit bestätigt. Wegen des beschränkten zeitlichen Rahmens konnte ich einige an mich herangetragene Aufträge erst gar nicht annehmen. Bei Ausübung in Vollzeit ist dies jedoch möglich.
Die Unternehmen in der Veranstaltungstechnik-Branche arbeiten in der Regel mit wenigen Festangestellten und zahlreichen freien Mitarbeitern. Dabei wird Wert gelegt auf Zuverlässigkeit und ein hohes Maß an Flexibilität, was wegen der sich ständig ändernden Technik unbedingt erforderlich ist. Außerdem spielen Sympathie, Empathie und Teamfähigkeit eine große Rolle.

Es ist ein Markttrend zu hohen Qualitätsstandards festzustellen:

- Messe und Industrie verlangen kompromisslose Qualität von ihren Dienstleistern. Im Gegenzug werden auch hohe Preise in Kauf genommen.
- Die Digitaltechnik, die deutlich komplexere Geräte und Bedienung mit sich bringt, setzt sich immer mehr durch.
- Für die nächsten Jahre ist eine Verschärfung der Sicherheitsbestimmungen der Versammlungsstättenverordnung vorgesehen. So sollen beispielsweise Bühnen über 16 Quadratmeter nur von Bühnenbauern oder einschlägig ausgebildetem Fachpersonal aufgebaut werden.

Diese Qualifikationsanforderungen sind einer der Gründe, warum ich mich zum Meister der Veranstaltungstechnik fortbilden werde.
Auch im Bereich Verleih und Eventmanagement ist ein Trend zur Qualität zu erkennen. Die Budgets von Veranstaltern, Bands und Gastronomen für Veranstaltungstechnik werden immer größer. Der Trend dazu begründet sich darin, dass die Auftraggeber bei einem Billigunternehmen während der Veranstaltung permanent mit der Angst leben müssen, dass einiges fehlerhaft läuft und daraus enorme Probleme entstehen können. Daher wird lieber etwas mehr investiert, um dieses Risiko zu minimieren.
Darüber hinaus werden Anbieter honoriert, die neue Wege gehen und Innovationen bieten. Um immer neue Superlative zu bieten, sind zahlreiche Kunden bereit, sehr hohe Preise für außergewöhnliche Events zu bezahlen. Auch hier sind also Qualifikation und Qualität gefragt.

Auf den Punkt gebracht: Basics, Tipps und Tricks

Viele Gründer tun sich schwer, Zahlen und Fakten zur Größe ihres Markts und des geplanten Marktanteils zu finden – oder blamieren sich mit unrealistischen Aussagen. Im Folgenden erfahren Sie, getrennt nach regionalen und überregionalen Märkten, wie Sie bei Ihrer Recherche am besten vorgehen.

Überregionale Märkte

Ist Ihr Geschäft auf einen überregionalen Markt – zum Beispiel auf ganz Deutschland – ausgerichtet, so werden Sie meist Studien von Marktforschungsinstituten, Angaben in der Fachpresse oder ähnliche Quellen mit genauen Werten zur Marktgröße finden. Aber Achtung: Oftmals unterscheiden sich die Zahlen und Prognosen je nach Herkunft. Stellen Sie in einem solchen Fall die unterschiedlichen Werte dar und erläutern Sie, auf welche Sie Ihre Marktanalyse aufsetzen.

Zudem ist darauf zu achten, dass die verwendeten Statistiken auch tatsächlich den relevanten Markt abbilden. Lesen Sie deshalb genau nach, auf welche Branchen, Produkte oder Dienstleistungen sich die jeweiligen Angaben beziehen. Meist umfassen die angegebenen Marktvolumina einen größeren als den für Sie relevanten Zielmarkt, sodass die Gefahr besteht, dass Sie die Marktgröße überschätzen.

Tipp

Hier finden Sie Informationen zu Ihrem Markt!

Umfassendes Datenmaterial bildet die Grundlage für eine sinnvolle Marktanalyse. Um Ihnen die Suche nach geeigneten Informationen zu erleichtern, haben wir für Sie eine Liste der wichtigsten Anlaufstellen zusammengestellt.

- **Öffentliche Institutionen: IHKs und Handwerkskammern, Statistisches Bundesamt (www.destatis.de), Statistische Ämter der Länder, Bundesministerium für Wirtschaft und Technologie (www.bmwi.de) und andere Ministerien, Bundesagentur für Außenwirtschaft (www.bfai.de), Branchen- und Berufsverbände, Arbeitgeberverbände**
- **Banken: insbesondere Volks- und Raiffeisenbanken sowie Sparkassen, die Branchenbriefe/-reports veröffentlichen**
- **Branchenkenner: größere Unternehmensberatungen, Venture-Capital-Unternehmen**
- **Fachpresse: Zeitungen, Fachzeitschriften**
- **Wissenschaftliche Arbeiten: Studien-, Diplom-, Doktorarbeiten und andere Veröffentlichungen zum Thema**
- **Marktforschungsinstitute, zum Beispiel TNS Infratest (www.tns-infratest.com) oder A.C. Nielsen (www.acnielsen.de) – meist kostenpflichtig, Kurzfassungen manchmal kostenlos im Internet oder in Zeitschriften**

Ein Verzeichnis von Bezugsquellen vieler Branchenstudien finden Sie unter www.jeder-ist-unternehmer.de/branchenstudien.

Lokale oder regionale Märkte

Für lokal oder regional begrenzte Märkte sind oftmals keine externen Quellen zu finden, die etwas über die Größe Ihres Marktes aussagen. Deshalb müssen Sie sich Ihre Werte selbst herleiten. Bei Ladengeschäften (zum Beispiel Friseure, Bäckereien, Copyshops, Reisebüros) oder lokalen Dienstleistungen (zum Beispiel Seniorenbetreuung, Hausmeisterservice, Gartenpflegeservice) beschränkt sich der Aktionsradius des Unternehmens in der Regel auf nur wenige Kilometer. Am Beispiel eines Spielwarengeschäfts zeigen wir Ihnen, wie Sie die Marktgröße schnell und einfach ermitteln können.

1. Schritt: Aktionsradius festlegen
Ermitteln Sie zunächst, welche Distanz Personen in Ihrer Umgebung maximal zurücklegen, um ein Spielzeuggeschäft aufzusuchen.

2. Schritt: Einwohnerzahl ermitteln
Nehmen Sie nun eine Landkarte zur Hand und zeichnen Sie darin Ihren Aktionsradius ein. Ermitteln Sie dann die Anzahl der Einwohner in diesem Kreis, Sie können sie zum Beispiel im Rathaus erfragen. Nehmen wir im Folgenden an, dabei handelt es sich um 100.000 Personen.

3. Schritt: potenzielle Kunden bestimmen
Das Statistische Bundesamt gibt Ihnen die Information, dass elf Prozent der deutschen Bevölkerung 14 Jahre oder jünger sind. In Ihrem Aktionsradius leben also rund 11.000 Kinder.

4. Schritt: Marktgröße berechnen
Laut Website der Nürnberger Spielwarenmesse werden für Spielzeug 180 Euro pro Kind im Jahr ausgegeben. Das Marktvolumen in Ihrem Aktionsradius beläuft sich also auf 1,98 Millionen Euro.

Bei dem dargestellten Verfahren handelt es sich um eine sehr einfache Vorgehensweise, die auf allgemeinen Durchschnittswerten beruht. Passen Sie diese bei Bedarf an regionale Gegebenheiten an. In unserem Beispiel könnte das notwendig sein, wenn Sie in einer sehr kinderreichen oder wohlhabenden Region leben.

Tipp

Prüfen Sie den Wert Ihres Marktanteils kritisch

Gründer berechnen zuweilen Marktanteile von über 20 Prozent für ihr Angebot. Das ist in den meisten Fällen nicht realistisch. Nur wenige Marken und Unternehmen bringen es überhaupt auf zweistellige Marktanteile. An dieser Stelle folgen einige Beispiele für Marktanteile zur Orientierung.

„Bild"-Zeitung: **80 Prozent bei Boulevardzeitungen, aber nur 16 Prozent an der gesamten deutschen Tagespresse**

Amazon: **60 Prozent im Onlinebuchhandel, 30 Prozent im Versandbuchhandel, aber nur 3,3 Prozent im gesamten deutschen Buchmarkt**

Tempo: **31 Prozent am deutschen Markt für Papiertaschentücher**

Volkswagen: **rund 32 Prozent an allen in Deutschland abgesetzten Pkw, 20 Prozent Marktanteil in Westeuropa und knapp zehn Prozent weltweit**

Apple: **drei Prozent an allen in Deutschland verkauften Personalcomputern**

9. Die Konkurrenz schläft nicht: der Wettbewerb

Wettbewerber sind zumeist schon einige Zeit in dem Markt tätig, in dem Sie Fuß fassen möchten. Profitieren Sie von deren Erfahrungen und lernen Sie von ihnen, nach welchen Regeln der Markt funktioniert. Auf dieser Grundlage können Sie Ihr eigenes Geschäftskonzept schärfen und sich gegenüber der Konkurrenz positionieren.

Ermitteln Sie zunächst, welche und wie viele Wettbewerber es in Ihrem Zielmarkt gibt. Ziehen Sie hierbei alle Anbieter heran, die über ein vergleichbares Angebot verfügen und die gleichen Zielgruppen ansprechen wie Sie. Wenn Sie beispielsweise ein Reisebüro eröffnen, so zählen nicht nur andere Reisebüros in Ihrer unmittelbaren Umgebung zu Ihren Konkurrenten. Berücksichtigen Sie auch Internetreisebüros, Hotelketten, Fluggesellschaften und Busunternehmen, die ihre Angebote direkt vertreiben. Möglicherweise finden Sie bei Ihrer Analyse nicht nur Konkurrenten, sondern auch Lieferanten oder Kooperationspartner.

Finden Sie heraus, welche Wettbewerber die wichtigsten sind. Dazu zählen meist diejenigen, mit denen Sie am Anfang um Aufträge konkurrieren (direkte Wettbewerber), und diejenigen, die ihr Geschäft besonders gut beherrschen (Wettbewerber mit Vorbildcharakter). Überprüfen Sie diese nun mittels verschiedener Kriterien, zum Beispiel anhand von Unternehmensgröße, Produktqualität und -preis, Serviceniveau, Positionierung, Vertriebskanälen, Kommunikationsmaßnahmen oder Profitabilität.

Führen Sie dann eine Stärken-Schwächen-Analyse durch und beurteilen Sie aus Kundenperspektive, ob die Wettbewerber den Bedürfnissen der Kundschaft besser oder schlechter gerecht werden als Sie. Dabei ist wichtig, dass Sie ehrlich zu sich selbst sind und Ihr eigenes Geschäftskonzept kritisch betrachten. Denn nur so können Sie über geeignete Verbesserungsmaßnahmen nachdenken und Ihre Erfolgsaussichten erhöhen.

Leitfragen

- **Wie viele Anbieter gibt es derzeit insgesamt?**
- **Nach welchen Kriterien lassen sich die Wettbewerber in Gruppen einteilen? Welche Merkmale kennzeichnen diese?**
- **Welche sind die wichtigsten Wettbewerber? Welche zählen zu den direkten Wettbewerbern und welche haben Vorbildcharakter?**
- **Welche Preise können die Wettbewerber im Markt erzielen? Woraus ergeben sich Preisdifferenzen zwischen den Wettbewerbern?**
- **Wie positionieren sich Ihre Wettbewerber? Welche Strategie verfolgen sie? Welche Marketing- und Vertriebsinstrumente nutzen sie?**
- **Wie profitabel sind die Wettbewerber? Wie hoch ist deren Auslastung?**
- **Was können Ihre Konkurrenten besonders gut? Was sind ihre Schwächen?**
- **Ist mit einer Reaktion der Wettbewerber auf Ihren Markteintritt zu rechnen? Wenn ja, mit welcher?**

Beispiel: Seminare zur Flugangstbewältigung

Geschäftsmodell

Monika Griessenberger ruft eine Coachingagentur im Bereich der Flugangstbewältigung ins Leben. Mit Seminaren und Einzelcoachings hilft sie Privat- und Geschäftsreisenden, wieder ohne Hemmungen und Angstzustände reisen zu können.

6. Wettbewerbsanalyse

Als direkter [1] Mitbewerber ist das von der deutschen Lufthansa beauftragte Unternehmen Schwind in München zu sehen. Dieses verfügt durch seine langjährige Arbeit (seit 1981) über einen großen Kundenstamm und mit Lufthansa über einen guten Vertriebs- und Werbepartner. Es wurde ein spezielles Programm zum Spannungsabbau, basierend auf jahrelanger therapeutischer Erfahrung, von einer Gruppe von Diplompsychologen entwickelt. An mehr als 1.000 Seminaren nahmen bis heute etwa 10.000 Personen teil. Vorbildcharakter für mich hat die Agentur Nowotny aus Frankfurt. Vor kurzem wurde ein Pilotprojekt am Frankfurter Flughafen begonnen, in dem Menschen vor dem Abflug direkt mit Angstbewältigungsinformationen versorgt werden. So ein Pilotprojekt ist von meiner Seite auch am Münchener Flughafen denk- und durchführbar. Nowotny hat zwei Geschäftspartner und freiberufliche Mitarbeiter, die die Kurse abhalten, unter anderem Flugkapitäne, Diplompsychologen und allgemein Flugpersonal. Dazu gibt es seit zwei Jahren einmal im Monat ein Seminar mit bis zu zehn Teilnehmern in München.

6.1 Marketing- und Vertriebsinstrumente der Wettbewerber

Die Wettbewerber machen mit Homepages und Bannerwerbung im Internet sowie durch Bücher auf sich und ihre Dienstleistungen aufmerksam. Durch gute [2] Kontakte wird oftmals auch direkt an Flughäfen und in Reisebüros geworben und akquiriert.

6.2 Durchschnittliche Preise der Wettbewerber

Seminare werden am Standort [3] München von beiden Anbietern nur einmal monatlich angeboten.

Seminar ohne Flug
Freitagabend: 18:15 Uhr bis 21:30 Uhr
Samstagvormittag: 09:00 Uhr bis 13:00 Uhr
Inklusive Getränke, Snack, Kursunterlagen: zwischen 220 Euro und 230 Euro

Seminar mit Flug
Freitagabend: 18:15 Uhr bis 21:30 Uhr
Samstagvormittag: 09:00 Uhr bis 16:00 Uhr
Inklusive Getränke, Snack, Kursunterlagen: zwischen 450 Euro und 780 Euro

6.3 Vor- und Nachteile der Wettbewerber

Vorteile: Die Konkurrenten verfügen aufgrund ihrer Größe über ein hohes Marketingbudget und einen größeren Kundenstamm. Außerdem haben sie mehr Kapazitäten und durch ihre lange Marktpräsenz bessere Erfahrungswerte und einen höheren Bekanntheitsgrad.
Nachteile: Die angebotenen Seminare [4] der Wettbewerber sind meist nur an Wochenenden zu buchen und örtlich oftmals an weit außerhalb liegenden Flughäfen. Zudem werden Seminare oft mit zu großen Gruppen durchgeführt, wodurch eine individuelle Orientierung nicht gewährleistet werden kann. Des Weiteren sind die Kursangebote vergleichsweise teuer und meist nur mit einem anschließenden Flug zu buchen. Auch der oftmals alleinige Einsatz der Verhaltenstherapie ist für viele Angstzustände unzureichend beziehungsweise nicht sinnvoll.

Unser Feedback

1 **Einstieg**

Frau Griessenberger beginnt direkt mit der Beschreibung ihrer Wettbewerber. Ein Wort zur Struktur des Wettbewerbs, zum Beispiel zur Gesamtanzahl der Wettbewerber in ihrem relevanten Markt gleich am Anfang des Kapitels, wäre jedoch empfehlenswert. Selbst wenn die restlichen Wettbewerber nicht ernst zu nehmen sind, sollte Frau Griessenberger sie dennoch erwähnen und anschließend begründen, warum sie für ihr Geschäft keine wesentliche Rolle spielen.
Ansonsten ist Frau Griessenberger eine gute, detaillierte Darstellung mit einer passenden Detailtiefe gelungen. Hinzufügen könnte die Gründerin noch die Web-Adressen der Wettbewerber.

2 **Marketinginstrumente detailliert beschreiben**

Die Darstellung ist sehr allgemein gehalten. Beim Leser erweckt das den Eindruck, als wüsste Frau Griessenberger nicht, welche Marketinginstrumente die Wettbewerber tatsächlich einsetzen. Die Gründerin verfügt aber wahrscheinlich über dieses Wissen oder kann es sich leicht beschaffen. Sie sollte im Einzelnen darstellen, was sie über die Marketingaktivitäten weiß, und nicht an der Oberfläche bleiben: Welche Bücher wurden veröffentlicht? Wie sehen die Flyer aus? Auf welchen Internetseiten sind die Werbebanner zu finden?

3 **Seminare der Wettbewerber**

Sehr gut ist, dass die Gründerin die Seminare ihrer Wettbewerber beschreibt. So erfährt der Leser, wie und wann Flugangstseminare derzeit abgehalten und welche Preise dafür verlangt werden. Wenn es später um die Beschreibung der internen Abläufe im eigenen Unternehmen geht, kann der Leser erkennen, ob sich das Angebot von Frau Griessenberger vom Wettbewerb abhebt oder ob sie bewährten Konzepten folgt.

4 **Stärken und Schwächen der Wettbewerber**

Sinnvoll ist auch, dass Frau Griessenberger auf die Stärken und Schwächen der Wettbewerber eingeht. Sie stellt diese vor allem aus ihrer eigenen Perspektive dar und nimmt eine persönliche Wertung vor. Das ist ein durchaus gangbarer Weg. Besser wäre es jedoch, wenn sie auch die Fakten darstellen würde, die sie zu ihrer Einschätzung gebracht haben. Deshalb sollte die Gründerin die Gruppengröße und die Flughäfen konkret benennen und genauer schreiben, warum nicht immer der gewünschte Erfolg eintritt.

Fazit

Frau Griessenberger hat eine aussagekräftige Wettbewerbsanalyse verfasst. Dazu differenziert sie ihre Konkurrenten in direkte Wettbewerber und Wettbewerber mit Vorbildcharakter. An einigen Stellen ist die Darstellung recht genau ausgefallen, zum Beispiel bei den Preisen der Wettbewerber. Es empfiehlt sich, diese Detailtiefe auch bei den anderen Abschnitten zu erreichen und noch konkreter zu werden. So wäre bei den Marketing- und Vertriebsmaßnahmen der Wettbewerber eine genauere Darstellung sinnvoll. Zum einen könnte Frau Griessenberger damit zeigen, dass sie erkannt hat, welche Maßnahmen der Wettbewerber erfolgreich sind. Zum anderen wäre sie in der Lage aufzuzeigen, wie sie sich durch eigene Kommunikationsmaßnahmen vom Wettbewerb abheben will.
Allgemein gilt: Gehen Sie beim Schreiben Ihres Businessplans davon aus, dass der Leser noch keinen Kontakt zu der Branche hat, in der Sie gründen wollen. Sorgen Sie dafür, dass er sich aufgrund Ihrer Angaben ein konkretes Bild von Ihrem Marktumfeld machen kann.

Beispiel: Schuhgeschäft für Modebewusste

Geschäftsmodell

In seinem Schuhgeschäft will Peter Wenzel modebewussten Kunden Schuhe renommierter Marken, hauptsächlich aus Spanien und Italien, anbieten. Das Spektrum reicht von preiswerten Sommerschuhen bis hin zu edlen Lederstiefeln für die kälteren Tage.

6. Wettbewerber

6.1 Vorbemerkung

Im folgenden Abschnitt werden die lokalen Wettbewerber [1] näher betrachtet. Die Schuhgeschäfte befinden sich alle in der Ostseestraße. Neben den drei Läden, auf die im Folgenden noch genauer eingegangen wird, befinden sich drei weitere Schuhgeschäfte in der Straße. Da es aber keinerlei Überschneidungen in den Zielgruppen gibt, sind diese Geschäfte nicht als direkte Wettbewerber zu betrachten. Dabei handelt es sich um das Kinderschuhgeschäft Froschkönig, das Schuhgeschäft Meiner, in dem nur orthopädische Schuhe verkauft werden, und das Geschäft Scala, in dem eigentlich Kleidung verkauft wird und Schuhe das Angebot nur ergänzen.

6.2 JOSEF

Durch ansprechend gestaltete Auslagen wird bereits von außen der [2] Eindruck eines Schuhgeschäfts, in dem qualitativ hochwertige Schuhe angeboten werden, erweckt. Ausreichend Platz zwischen den Regalen, bequeme Sitzgelegenheiten zur Anprobe und freundliche Mitarbeiter unterstreichen dies [3]. Das Angebot umfasst Kinder-, Damen-, Herrenschuhe und Handtaschen. Es handelt sich dabei um elegante, modische Lederware hoher Qualität. Die Preise liegen zwischen 50 und 200 Euro, variieren aber je nach Modell. Mit diesem Angebot werden Männer und Frauen, die sich gerne elegant kleiden und dafür auch hohe Preise bezahlen, angesprochen.
Website: www.JOSEFschuhe.de [4]

6.3 Fashion Shoes

Auf einer Bierbank vor dem Laden werden Sonderangebote präsentiert. Auch in den Auslagen bestimmen die Rabattschilder das Bild. Innen werden neben den Regalen, in denen die reguläre Ware steht, auf dem Boden besondere Schnäppchen gestapelt. Dadurch ist nur noch wenig Platz in den Gängen, und schon bei wenigen Kunden ergeben sich Engpässe. Die Mitarbeiter sind freundlich und hilfsbereit, wirken aber teilweise mit der Anzahl der Kunden überfordert. Das Sortiment setzt sich aus Restposten zusammen, umfasst also ein sehr breites Spektrum. Die Preise liegen zwischen zehn und 100 Euro. Die Zielgruppe besteht aus Schnäppchenjägern von Jung bis Alt.

6.4 Schuhhaus Müller

Die ordentlich gestalteten Auslagen und die Ständer umfassen einige Sonderangebote, durch die die Aufmerksamkeit des Kunden gewonnen werden soll. Innen bietet die Raumaufteilung den Kunden genügend Platz, sich umzuschauen und die Schuhe bei Bedarf zu probieren. Der Service zeichnet sich vor allem durch Freundlichkeit der Angestellten aus. Das Angebot ist zwar breit gefächert, bietet dadurch aber zu wenige Alternativen bei der Auswahl eines Schuhs. Die Preise liegen zwischen 20 und 100 Euro. Es werden damit gleichermaßen Männer und Frauen aller Altersgruppen angesprochen, denen die Funktionalität des Schuhs wichtiger ist als sein Aussehen.
Website: www.schuhhausmueller.de

Unser Feedback

1 **Gelungene Einführung**

Herr Wenzel hat eine sehr schöne Einleitung verfasst. In seiner Vorbemerkung grenzt er zunächst den lokalen Umkreis ab, auf den sich die Wettbewerbsanalyse bezieht (Ostseestraße). Dieser ist deckungsgleich mit dem im Kapitel „Zielgruppen" beschriebenen Aktionsradius. Zudem stellt er dar, wie viele Schuhgeschäfte und damit Wettbewerber allgemein in der Umgebung zu finden sind, und begründet dann schlüssig, welche davon nicht zu den relevanten Wettbewerbern zählen.

2 **Kriterienbasierte Analyse**

Bei der Beschreibung der relevanten Wettbewerber nutzt Herr Wenzel eine Reihe von Kriterien und analysiert die Schuhgeschäfte jeweils anhand der gleichen, erfolgskritischen Merkmale: Ladengestaltung, Service, Angebot, Preis und Zielgruppen. Hierdurch ermöglicht er einen direkten Vergleich. Zudem können die Inhalte durch die immer gleiche Reihenfolge leicht aufgenommen werden.

3 **Subjektive Einschätzungen**

An mehreren Stellen nimmt der Gründer persönliche Bewertungen der Wettbewerber vor. Qualitative Aspekte wie die Gestaltung der Auslage, die Freundlichkeit des Personals und die Bedürfnisse der jeweiligen Zielgruppe können meist nur auf diese Weise erfasst werden. Das ist auch völlig in Ordnung, solange deutlich wird, dass es sich um die subjektive Einschätzung des Verfassers handelt.

4 **Website**

Durch die Nennung der Webadressen kann sich der Leser schnell und unkompliziert selbst ein Bild von den Wettbewerbern verschaffen. Zudem kann er die Angaben überprüfen und bei Bedarf weitere Informationen abrufen. Damit kommt Herr Wenzel dem Leser sehr entgegen!

Fazit

Herr Wenzel hat eine sehr anschauliche Wettbewerbsanalyse verfasst. Besonders positiv hervorzuheben sind die Vorbemerkung am Anfang des Kapitels und die darauffolgenden kriterienbasierten Darstellungen der relevanten Wettbewerber.

Gut zu wissen

Kriterienbasierte Analyse

Definieren Sie wichtige Merkmale, anhand deren Sie die Anbieter in Ihrer Branche vergleichen und treffend charakterisieren können. Infrage kommen sowohl objektive Kriterien wie Mitarbeiterzahl, Umsatz oder Absatz, Preise und Ladengröße als auch subjektive Kriterien wie Qualität der Produkte und Freundlichkeit der Mitarbeiter. Beschreiben Sie die Wettbewerber mithilfe der ausgewählten Kriterien und gehen Sie immer in der gleichen Reihenfolge vor. Eine solche Darstellung ist auch in Tabellenform denkbar. Vergessen Sie dann nicht, auch Ihr eigenes Vorhaben in die Tabelle einzuordnen.

Beispiel: Brillenmanufaktur im Hochpreissegment

Geschäftsmodell

Das Geschäftsvorhaben von Oliver Roth und Frank Hofmann besteht im Aufbau der Brillenmanufaktur rothbrille. Sie fertigt hochwertige Acetat- und Kohlefaserbrillen, die über Optiker im Hochpreissegment vertrieben werden. Der besondere Fokus liegt auf Maßanfertigungen.

6. Wettbewerb

6.1 Acetatbrillen

6.1.1 Deutschland

Die Zahl der [1] Hersteller von vergleichbaren Acetatbrillen in Deutschland ist groß. Zu nennen sind hier zum Beispiel Rodenstock, Krass, Eschenbach und Menrad.
Hersteller von handgefertigten Acetatbrillen in Deutschland gibt es nicht in so großer Zahl. Zu nennen sind hier zum Beispiel Axel S., Herrmann und Sylvis.
Als Hersteller, die gleichzeitig auch Maßanfertigung anbieten, können genannt werden Thorbrietz, Schweizer Brillen und Bernecker.

6.1.2 International

Die Zahl der Hersteller von Acetatbrillen [2] auf ausländischen Märkten ist nur mit sehr großem Aufwand zu ermitteln. Gleiches gilt für die Zahl der Hersteller mit Maßanfertigung.

6.2 Kohlefaserbrillen

Bei der Kohlefaserbrille handelt es sich um ein neues [3] Produkt, für das erst ein Markt aufgebaut werden muss. Der Wettbewerb wird sich zeitversetzt nach Markteinführung aufbauen.

vorher

Unser Feedback

1 **Unternehmensnamen**

Die reine Nennung der Wettbewerber sagt dem Leser noch relativ wenig. Es bleibt unklar, was deren Existenz für das Geschäft der Gründer bedeutet. Zu empfehlen ist, die Wettbewerber zunächst in Untergruppen zu segmentieren und anschließend auf folgende Fragen einzugehen: Welche Bedeutung haben die Wettbewerber in den verschiedenen Segmenten? Welche Strategie verfolgen sie? Welche Produkte werden angeboten? Zu welchem Preis? Welche Vertriebswege nutzen die Wettbewerber?

2 **Großer Aufwand**

Selbst wenn die Anzahl der internationalen Wettbewerber schwer zu ermitteln ist, darf dies nicht als Ausrede dafür dienen, dass sie nicht dargestellt werden. Herr Roth und Herr Hofmann hätten beispielsweise erläutern können, dass die Wettbewerber aus dem Ausland geringe Marktanteile auf dem deutschen Markt besitzen und auch in Zukunft nur eine untergeordnete Rolle spielen werden. Ist das nicht der Fall, kommen sie um eine ausführliche Analyse nicht herum. Für Sie gilt in einem ähnlichen Fall: Nehmen Sie sich ausreichend Zeit für dieses Thema, denn jede Stunde, die Sie in die Analyse investieren, erhöht Ihre Erfolgschancen nach dem Markteintritt.

3 **Kein Produkt ist konkurrenzlos**

Liest ein Prüfer, dass ein Produkt konkurrenzlos sein soll, lässt ihn das aufhorchen. Denn dies ist tatsächlich nur sehr selten der Fall. Eine solche Aussage sollte nur im Businessplan stehen, wenn der Verfasser sich darüber ganz sicher ist, weil er genau nachgeforscht hat. Gibt es tatsächlich keine anderen Anbieter von Kohlefaserbrillen, sollten die beiden Gründer darauf eingehen, warum noch niemand das Produkt realisiert hat. Zudem können sie Überlegungen anstellen, wie die Wettbewerber bei Markteintritt des neuen Produkts reagieren werden und wie sie damit umgehen möchten.

Fazit

Die Wettbewerbsanalyse von Herrn Roth und Herrn Hofmann ist sehr vage. Bisher lässt die Darstellung offen, in welchem Wettbewerbsumfeld sich die Brillenmanufaktur bewegen wird. Konkurrenten werden zwar genannt, aber nicht beschrieben. Es bleibt unklar, wie sich die beiden Gründer im Einzelnen positionieren und am Markt auftreten werden.

Beispiel: Brillenmanufaktur im Hochpreissegment

6. Wettbewerb in Deutschland

Wettbewerber gibt es nur im Bereich der Acetatbrillen, nicht jedoch bei den Kohlefaserbrillen. Diese sind ein komplett neues Produkt, da das Material wegen seiner verhältnismäßig starren Eigenschaften bisher wenig Beachtung im Brillenbau fand.

Überblick
Die Hersteller von Acetatbrillen im In- und Ausland, die in Deutschland anbieten, lassen sich in drei Gruppen einteilen:

- Industrielle Fertigung
- Manuelle Fertigung
- Manuelle Fertigung nach Maß

Die industrielle Fertigung ist in der Regel dadurch gekennzeichnet, dass im In- und Ausland in großen Losgrößen für das untere und mittlere Preissegment bei größeren Abnehmern (zum Beispiel Fielmann und Apollo) produziert wird. Von Ausnahmen abgesehen, werden diese Hersteller nicht unsere direkten Wettbewerber sein und sollen daher hier nicht genauer betrachtet werden. Die Hersteller, die manuell fertigen, aber keine Maßanfertigung anbieten, produzieren meist mit vergleichbarer Qualität und bieten Preise, die mit denen unserer Standardmodelle vergleichbar sind. Der manuelle Anteil der Fertigung ist bei ihnen jedoch in den meisten Fällen sehr gering. Diese wenigen Hersteller stehen daher nur bedingt mit uns in Wettbewerb. Da es sich für Außenstehende um unbekannte Hersteller handelt, wird auf die Nennung und detaillierte Beschreibungen verzichtet. Unser Wettbewerbsvorteil gegenüber diesen Herstellern ist vor allem die Individualität, die wir neben gutem Design, dezenten, aber originellen Farben und hoher Qualität über das Angebot der Maßanfertigung erreichen.
Die Branche der Brillenmanufakturen mit Maßanfertigung ist dadurch gekennzeichnet, dass hier kleine Unternehmen tätig sind, die im Bereich Produktion nicht ausbilden. Spezielle Fähigkeiten werden von Generation zu Generation beziehungsweise von Vorgänger zu Nachfolger übertragen. In Deutschland zählen dazu Thorbrietz, Schweizer Brillen, Bernecker und rothbrille. Direkte ausländische Wettbewerber auf dem deutschen Markt gibt es nicht.

Direkte Wettbewerber
Thorbrietz
Der Brillenhersteller Thorbrietz bietet grundsätzlich an:

- Acetatbrillen aus der eigenen Kollektion.
- Kollektionen von Acetatbrillen, die mit dem Namen des Optikers beziehungsweise der Optikerkette versehen sind.
- Schwerpunkt ist die Fertigung von Lesebrillen-Kollektionen für den Kunden. Maßanfertigungen werden angeboten, stellen aber eher die Ausnahme dar.

Als Vertriebswege werden Messen, Handelsvertreter und Direktvertrieb genutzt. Die Qualität der Brillen ist mit unserer Qualität vergleichbar, die Vielfalt der Fassungsformen ist deutlich geringer als bei rothbrille, die Brillenpreise liegen etwa zehn bis 15 Prozent über unseren Preisen.

Schweizer Brillen

Das Produktspektrum von Schweizer Brillen beinhaltet

- eigene Brillenfassungen aus Acetat,
- Kugelschreiber.

Das Brillenangebot umfasst folgende Sonderleistungen:

- Sondergrößen gegen Aufpreis
- Maßanfertigung gegen Aufpreis

Als Vertriebsweg werden vorrangig Messen und Handelsvertreter im In- und Ausland genutzt. Die Qualität der Brillen ist mit unserer Qualität vergleichbar, die Preise der Brillenfassungen liegen jedoch etwa zehn Prozent über den von uns geplanten Preisen.

Wettbewerber mit Vorbildcharakter

Bernecker

Wir sehen den Brillenhersteller Bernecker, den Herr Roth dank seiner fünfjährigen Tätigkeit in diesem Hause gut kennt, als Vorbild, da er in dem Markt, in dem auch wir tätig sein werden, seit vielen Jahren sehr erfolgreich agiert. Die Gesamtunternehmensstrategie und das angebotene Leistungspaket von Bernecker und rothbrille sind vergleichbar:

- Fokus auf Acetatbrillen inklusive Maßanfertigung im Hochpreissegment im In- und Ausland.
- Absatz bei Einzeloptikern oder kleinen Ketten.
- Schlanke und flexible Produktionsprozesse.
- Moderate Expansion.
- Als Vertriebswege werden, wie wir es auch planen, Direktvertrieb im In- und Ausland, Handelsvertreter und Messen genutzt.

Auf den Punkt gebracht: Basics, Tipps und Tricks

Erfahrene Berater achten ganz besonders darauf, ob Sie Ihr Wettbewerbsumfeld richtig einschätzen. Nur wenn Sie Ihre Wettbewerber als solche erkennen und bereit sind, von ihnen zu lernen, können Sie erfolgreich sein. Greifen Sie deshalb die folgenden Anregungen auf und erkunden Sie die „Mitspieler", mit denen Sie in Wettbewerb treten – oder mit denen Sie vielleicht auch kooperieren werden.

Es gibt vielleicht mehr Wettbewerber, als Sie denken

Wettbewerber sind nicht nur diejenigen Unternehmen, die das gleiche Geschäftsmodell verfolgen wie Sie. Zum Beispiel konkurriert der lokale Buchhändler auch mit Amazon, der stationäre Getränkemarkt mit dem Getränkelieferservice und der Kiosk mit Tankstellen, Supermärkten und sogar Automaten für Zigaretten und Süßigkeiten. Für den deutschen Webdesigner kann inzwischen ein Anbieter in Indien ein ernstzunehmender Konkurrent sein. Nehmen Sie daher bei der Identifikation der Wettbewerber die Perspektive der Kunden ein und fragen Sie sich, woher sie Ihr Produkt oder Ihre Dienstleistung noch beziehen können.

Hier finden Sie Informationen zu Ihren Wettbewerbern!

Nutzen Sie möglichst viele verschiedene Quellen, um Informationen über Ihre Wettbewerber einzuholen. Neben der persönlichen Kontaktaufnahme bei einem Besuch oder einem Telefonat gibt es verschiedene Möglichkeiten, um indirekt an Informationen über die Konkurrenten zu gelangen:

- Werbung der Wettbewerber
- Interviews mit Marktteilnehmern (zum Beispiel Lieferanten, Kunden)
- Fach- und Branchenzeitschriften
- Newsletter der Wettbewerber
- Geschäftsberichte
- Testergebnisse (zum Beispiel in „Stiftung Warentest")

Tipp

Führen Sie Testanfragen und -käufe durch

Wenn Sie sich nicht als künftiger Wettbewerber zu erkennen geben möchten, sind Testanfragen oder -käufe ein legitimer Weg, um mehr über die Qualität der Produkte, die Freundlichkeit des Service, die Preise und Zahlungskonditionen sowie über die Präsentation des Angebots zu erfahren. Einige Gründer rufen Wettbewerber sogar unter falschem Namen an oder geben sich als Studenten aus, die eine Diplom- oder Seminararbeit schreiben, um an nichtöffentliche Unternehmensdaten zu gelangen. Das mag ein effektiver Weg zur Informationsbeschaffung sein, ist jedoch mit einer Täuschung des Wettbewerbers verbunden. Denken Sie daran, dass jeder Wettbewerber immer auch ein potenzieller Kooperationspartner ist, dessen Unterstützung für Sie eines Tages wertvoll sein kann.

10. Der feine Unterschied: Kundennutzen und Positionierung

Ob die Angehörigen Ihrer Zielgruppen zahlende Kunden werden, hängt davon ab, wie sehr Ihr Produkt oder Ihre Dienstleistung deren Bedürfnissen gerecht werden. Außerdem ist es entscheidend, dass sich Ihr Angebot positiv von den Wettbewerbsprodukten abhebt. Legen Sie daher im Businessplan dar, welchen besonderen Nutzen Ihr Produkt stiftet, wie der Kunde diesen wahrnimmt und warum er gerade Ihr Produkt kaufen sollte.

Unterscheiden Sie dabei zwischen rationalem und emotionalem Kundennutzen. Rationale Aspekte bedeuten Kosten- oder Zeitersparnis. Der emotionale Nutzen kommt vor allem bei Privatkunden zum Tragen und drückt sich unter anderem durch die Freude am Produkt und seinem Image aus.

Stellen Sie anschließend dar, welche Positionierung im Markt Sie anstreben. Stehen Sie für Qualität, niedrige Preise, Innovation, Exklusivität, Individualität ...? Wichtig ist, dass diese Vorgabe die Unterschiede zu den Mitbewerbern deutlich macht und Ihre Zielgruppe positiv anspricht.

Manche Unternehmen unterscheiden sich aus Kundenperspektive sogar so deutlich vom Wettbewerb, dass von einem Alleinstellungsmerkmal (englisch „unique selling proposition", kurz USP) gesprochen werden kann. Gemeint ist damit ein unverwechselbares Charakteristikum, das ein Unternehmen auszeichnet. Ein guter Indikator, um herauszufinden, ob Ihr Unternehmen ein Alleinstellungsmerkmal aufweist, sind die Adjektive „einzig" oder „erste/r" (einziger 24-Stunden-Service, erste SB-Bäckerei). Meistens müssen Sie gar nicht so innovativ sein, um ein Alleinstellungsmerkmal für sich beanspruchen zu dürfen. Machen Sie es einfach besser als die Wettbewerber – zum Beispiel mit höherer Qualität, schnellerem und zuverlässigerem Service oder niedrigeren Preisen – und konzentrieren Sie sich voll und ganz darauf, diese Kundenversprechen jederzeit einzuhalten.

Leitfragen

- **Worin besteht der Kernnutzen für Ihre Kunden, für den diese zu zahlen bereit sind (Value Proposition)?**
- **Welche Bestandteile enthält das branchenübliche Angebot, die viele Kunden gar nicht benötigen?**
- **Welche Aspekte der angebotenen Leistung sind für Ihre Kunden die wichtigsten Entscheidungskriterien?**
- **Welche sind die häufigsten Beschwerdegründe in Ihrer Branche? Können Sie eines dieser Probleme lösen und dadurch eine Alleinstellung erreichen?**
- **Auf welche Weise unterscheidet sich Ihr Angebot von dem der Wettbewerber?**
- **Welche besonderen Qualitäten (zum Beispiel Zuverlässigkeit, Freundlichkeit, Schnelligkeit) zeichnen Sie aus?**
- **Welches Bild von Ihrem Unternehmen wollen Sie bei Ihrer Zielgruppe verankern? Welches Alleinstellungsmerkmal wollen Sie in Ihrer Kommunikation hervorheben?**

Beispiel: Lieferservice für Hundenahrung und Schulungen für Hundehalter

Geschäftsmodell

Britta Buschfort eröffnet einen Lieferservice für gesunde und natürliche Hundenahrung. Neben Artikeln für eine biologische Rohfütterung bietet sie Schulungen zur artgerechten Haltung und Beschäftigung mit dem Hund an.

7. Kundennutzen und Positionierung

7.1 Kernnutzen der Dienstleistungen und der Produkte [1]

Der Nutzen für den Kunden besteht darin, dass er seinen Hund, entsprechend den persönlichen Anforderungen des Tieres, natürlich und artgerecht ernähren kann. Dabei entsteht ihm keine zeitliche Mehrbelastung gegenüber der Verwendung von handelsüblichem Industriefutter. Des Weiteren hat er die Möglichkeit, alle hundespezifischen Artikel für sein Tier direkt bei mir zu bestellen, und bekommt diese dann bis an die Haustür geliefert. [2] Daneben sehe ich mich als unabhängige Ansprechpartnerin in allen Fragen rund um die Ernährung, Gesundheit und das Verhalten dieser Tiere.

7.2 Eigene Unterschiede gegenüber Wettbewerbern

Entsprechend den gehobenen Ansprüchen meiner potenziellen Klientel erhält der Kunde nicht nur artgerechte Nahrung [2] für sein Tier, sondern auch umfassende Beratung zur artgerechten Haltung. Durch ein umfangreiches und individuell zugeschnittenes Servicepaket wird das Angebot unterstützt. Der Innovationsvorsprung gegenüber meiner Konkurrenz ist, dass der Kunde die Nahrung in portionierten Gewichtsgrößen bekommt, wie er sie täglich für sein Tier benötigt. Gegenüber meinen Wettbewerbern, bei denen immer nur festgelegte Gewichtsgrößen, meistens 500 Gramm oder ein Kilogramm, bezogen werden [3] können, erhält der Kunde bei mir grammgenaue Verpackungseinheiten, individuell auf den jeweiligen Hund abgestimmt. Ein weiteres Alleinstellungsmerkmal meines Geschäftskonzepts ist die persönliche Lieferung bis an die Haustür, welche von meinen Wettbewerbern in dieser Form nicht angeboten wird.

Unser Feedback

1 **Knapp und auf den Punkt**

Frau Buschfort demonstriert, wie man auch mit wenigen Sätzen seinen Kundennutzen und die Alleinstellungsmerkmale aussagekräftig darstellen kann.

2 **Eindeutigere Strukturierung**

Absätze, Spiegelstriche oder eine Nummerierung würden es dem Leser erleichtern, die so dicht aufeinanderfolgenden Argumente nachzuvollziehen. Durch die jetzige etwas unklare Struktur entstehen Wiederholungen in den beiden Abschnitten.

3 **USP noch deutlicher herausarbeiten**

Gut sichtbar wird, dass Frau Buschfort drei Alleinstellungsmerkmale zu bieten hat. Allerdings geht sie nur bei der Verpackungsgröße darauf ein, wie sie sich in diesem Punkt vom Wettbewerb unterscheidet. Auch bei anderen Produkteigenschaften (zum Beispiel Qualität der Nahrung) und den weiteren Angeboten (Ernährungsberatung, Hundeschule) sollte sie beschreiben, wie das Angebot der Wettbewerber aussieht.

Fazit

Frau Buschfort konzentriert sich auf Alleinstellung und Kundennutzen. Dem Leser wird glaubwürdig vermittelt, dass sie Hundebesitzern einiges zu bieten hat. Dennoch ist noch nicht ganz genau erkennbar, wie sich ihr Angebot von dem bestehenden abhebt. Das liegt einerseits an der fehlenden Struktur, andererseits verrät sie nicht genug Details. Schön wäre zudem, wenn Frau Buschfort in einem Satz zusammenfassen würde, wofür ihr Unternehmen steht.

Beispiel: Markenberatung für chinesische Unternehmen

Geschäftsmodell

Das Unternehmen „Brandworks“ von Florian Strauß bietet exportorientierten chinesischen Unternehmen ganzheitliche markenstrategische Beratung. Er richtet sich sowohl an Firmen, die bereits in Deutschland und Europa präsent sind, als auch an solche, deren Markteintritt noch bevorsteht.

7. Kundennutzen und Positionierung

Brandworks[1] steht für ganzheitliche markenstrategische Beratung für die Zielgruppe exportorientierter chinesischer Unternehmen. Brandworks ist kompetent, innovativ, partnerschaftlich und vertrauensvoll.

USP 1: Verständnis für das Bedürfnis seiner Kunden – nachhaltiger Return aus dem Marketinginvestment

Meine bisherigen internationalen Referenzprojekte sind Belege dafür, dass meine Arbeitsweise letztlich nie ausschließlich das Ziel hatte, etwas anderes oder etwas Schöneres zu gestalten. Vielmehr geht es darum, dass durch den zielgerichteten Einsatz[2] von Kommunikationsbudgets ein nachhaltiger, ökonomischer Mehrwert erzielt werden kann. Kommunikation ist damit kein Selbstzweck. Sie ist Mittel zum Zweck zur Erreichung finanzwirtschaftlicher Ziele. Mit dieser Philosophie unterscheidet sich Brandworks maßgeblich von klassischen Agenturen, die sich meist auf die reine Umsetzung fokussieren, aber auch von klassischen Beratungsunternehmen, die sich eher auf den Bereich[3] Managementberatung beschränken und den Aspekt „Marke“ nicht berücksichtigen. Durch den ganzheitlichen Beratungsansatz von Brandworks kombiniert mit dem zusätzlichen Angebot einer einzigartig hochwertigen visuellen Umsetzung sowie dem Zugänglichmachen benötigter Vertriebskanäle durch das vorhandene Netzwerk zeigt Brandworks, dass es das zentrale Bedürfnis seiner Kunden versteht: Sie wollen nachhaltigen Return aus dem Marketinginvestment. Gerade für die Zielgruppe chinesischer Unternehmen, die sich thematisch oft wenig mit Marken und Markenmanagement auseinandergesetzt, geschweige denn signifikante Budgets[4] hierfür bereitgestellt haben, ist es besonders wichtig aufzuzeigen, dass es sich bei Marketing nicht um Kosten, sondern um eine Investition handelt, die ein klares Ziel verfolgt: Generierung eines nachhaltigen ökonomischen Mehrwerts. Brandworks kennt den Weg und führt seine Kunden erfolgreich zum Ziel.

USP 2: Die fachliche[4] Kompetenz – Sicherheit durch namhafte Referenzen

Neben dem Gefühl, durch die Zusammenarbeit einen hohen ROI aus dem Marketinginvestment zu generieren, bietet Brandworks mit den erfolgreichen Referenzen aus meiner beruflichen Historie, unter denen auch ein chinesisches Unternehmen zu finden ist, einen weiteren emotionalen Mehrwert. Die Referenzen geben den Zielkunden die Sicherheit, mit Brandworks einen Partner zu wählen, der bereits gezeigt hat, dass[5] er sein Leistungsversprechen tatsächlich realisieren kann. Gerade für die Zielgruppe chinesischer Unternehmen, die sich thematisch oft wenig mit Marken und Markenmanagement auseinandergesetzt, geschweige denn signifikante Budgets hierfür bereitgestellt haben, ist es besonders wichtig, eine Kooperationsentscheidung durch namhafte Referenzen abzusichern.

Unser Feedback

1 **Griffiger Einstieg**

Herr Strauß stellt gleich zu Anfang dar, für welche Werte er und seine Dienstleistung stehen. Das ist ihm gut gelungen, zumal er die Schlagworte in den folgenden Ausführungen mit Inhalt füllt.

2 **Kundennutzen und Alleinstellung**

Der Gründer zeigt auf, dass seine Dienstleistung dem Kunden einen klaren finanziellen Nutzen bringt. Dies ist vor allem für Firmenkunden von großer Bedeutung. Schön herausgearbeitet hat Herr Strauß zudem, wie sich sein Beratungsansatz von dem der Wettbewerber unterscheidet.

3 **Eingeführte Struktur beibehalten**

An dieser Stelle greift Herr Strauß die von ihm im Kapitel Wettbewerb eingeführte Struktur wieder auf, indem er auf die beiden Gruppen von Wettbewerbern eingeht: Agenturen und Beratungsunternehmen.

4 **Vorsicht Schachtelsätze!**

Der Text von Herrn Strauß enthält zahlreiche ineinander verschachtelte Nebensätze. Zudem erstrecken sich die Sätze über mehrere Zeilen und sind damit kaum flüssig lesbar. Muten Sie dem Leser keine zu komplizierten Satzkonstruktionen zu, sondern formulieren Sie Ihre Sätze so einfach und knapp wie möglich.

5 **Wiederholungen**

Hier bringt der Gründer Aspekte zur Sprache, die er bereits weiter oben erwähnt hat. Er sollte sich kürzer fassen und besser zusätzliche Argumente anführen, warum seine Referenzen für den Kunden von Bedeutung sind.

Beispiel: Markenberatung für chinesische Unternehmen (Fortsetzung)

USP 3: Gründer Florian Strauß – Know-how, Leidenschaft und Kenntnis des chinesischen Markts

In rund vier Jahren Markenerfahrung habe ich mein fachliches Wissen kontinuierlich weiterentwickeln können. Durch die von mir akquirierten und betreuten internationalen Projekte habe ich zudem mein Fachenglisch optimiert und bin damit gewappnet für Märkte, in denen Englisch die Sprache des Geschäftslebens ist. Nicht zuletzt aufgrund meiner familiären Voraussetzungen habe ich seit meiner Kindheit ein sehr vertrautes und positives Verhältnis zur chinesischen Kultur. Während meiner unzähligen Aufenthalte in Asien/China hat sich meine innere Überzeugung gefestigt, mich nicht nur privat, sondern kurz- bis mittelfristig auch beruflich intensiv mit der aufstrebenden Supermacht zu beschäftigen.

Die fachliche Kompetenz, kombiniert mit der in mir festverankerten Vision, erfolgreiche Geschäftsbeziehungen mit China aufbauen zu wollen, sind in meinen Augen wesentliche Voraussetzungen, um in diesem besonderen Marktumfeld erfolgreich sein zu können. Neben der von mir gelebten Leidenschaft, Neues zu schaffen, heben mich die engen persönlichen Verbindungen zu erfolgreichen Geschäftsleuten in China (darunter auch zahlreiche Chinesen) klar von den wenigen Wettbewerbern in meinem Markt ab.

Unser Feedback (Fortsetzung)

6 Gründerperson als USP

Herrn Strauß gelingt es eindrucksvoll darzustellen, dass er selbst eines der wichtigsten Alleinstellungsmerkmale von Brandworks ist. Seine Erfahrungen in China gehen weit über diejenigen hinaus, die eine durchschnittliche Marketingagentur vorweisen kann.

Fazit

Für sein Unternehmen hat Herr Strauß drei Alleinstellungsmerkmale herausgearbeitet. Diese hat er bereits in den Überschriften griffig formuliert und in den jeweiligen Abschnitten inhaltlich untermauert. Auch das knappe Statement gleich zu Beginn des Kapitels ist ihm gut gelungen. Verbesserungspotenzial besteht bei der Formulierung des Textes. Herr Strauß drückt sich an vielen Stellen zu kompliziert aus, verliert sich in langen Satzkonstruktionen und wiederholt sich mehrmals. Es empfiehlt sich, die Ausführungen zu kürzen, was an vielen Stellen verlustfrei möglich ist, und stattdessen knapper und präziser zu formulieren.

Beispiel: Holzdienstleistungen für Zimmereien, Bauträger und Architekten

Geschäftsmodell

Das Unternehmen Holz & Plan des Gründers Bernd Kirschner bietet Zimmereien, Bauträgern und Architekten Dienstleistungen im Bereich Konstruktion, Werkplanung, Bauleitung, Kalkulation und Auftragsvermittlung.

Kundennutzen

- 1 Verbesserung der Qualität und Ausführung
- Erhöhung der Umsatzgeschwindigkeit
- Kostenersparnis durch Einbringung von Eigenleistung
- 2 Mitbestimmung und Verwirklichung im Privatkundenbereich
- Outsourcen von Planung und Produktion und somit Möglichkeit der Personaleinsparung
- 3 Innovative Technik ermöglicht hohen Nutzen an den Nebenprodukten der Werkplanung

Unser Feedback

1 **Stichpunkte vermeiden**

Stichpunktartige Aufzählungen werden leicht zu knapp und sind damit schwer zu verstehen. Der Leser von Herrn Kirschners Text könnte sich zum Beispiel fragen, wodurch eine „Verbesserung der Qualität und Ausführung" oder eine „Erhöhung der Umsatzgeschwindigkeit" erreicht werden soll. Vermeiden Sie aus diesem Grund Stichpunkte ganz oder formulieren Sie sie so, dass Ihre Aussage möglichst verständlich wird.

2 **Einordnung fehlt**

Herr Kirschner nennt verschiedene Aspekte des Kundennutzens. Diese sind jedoch ohne Kenntnis des größeren Zusammenhangs kaum nachvollziehbar. Der Gründer sollte daher beschreiben, wie seine Leistung das derzeitige Angebot im Markt verbessert, wie sich sein Unternehmen gegenüber dem Wettbewerb positioniert und auf welche bisher unzureichend befriedigten Kundenbedürfnisse er eingehen will.

3 **Gibt es ein Alleinstellungsmerkmal?**

Die Aufzählung lässt zudem offen, wodurch sich das Angebot des Gründers auszeichnet. Bei der Überarbeitung sollte Herr Kirschner ganz klar herausarbeiten, in welcher Hinsicht sein Unternehmen einzigartig ist. Im besten Fall lässt sich eine solche USP in einem prägnanten Satz ausdrücken.

Fazit

Die Ausführungen sind zu knapp und zu lückenhaft. Durch die bloße Nennung der Kundenvorteile in Form von Stichpunkten gelingt es Herrn Kirschner nicht, die Vorzüge seines Angebots herauszustellen. Es ist wichtig, den besonderen Kundennutzen auch für einen Außenstehenden verständlich zu machen. Letztlich muss Herr Kirschner mit diesen Argumenten seine künftigen Kunden von sich und seiner Dienstleistung überzeugen!

Beispiel: Holzdienstleistungen für Zimmereien, Bauträger und Architekten

7. Kundennutzen und Positionierung

Der Gründer verfügt bei allen angebotenen Leistungen über eine langjährige und fundierte Erfahrung. In der Holz- und Zimmererbranche herrscht eine hohe Kostenintransparenz, außerdem fehlt oftmals die notwendige Verbindung aus handwerklicher Qualität, innovativer Technik, Flexibilität und Kostenbewusstsein.

Genau hier setzt Holz & Plan als unabhängiger Anbieter an, um einen echten Mehrwert für den Kunden in Form von Dienstleistungen zu generieren.

Derzeit gibt es noch keinen spezialisierten Anbieter, der diese Dienstleistung in dieser Form regional anbietet.

Holz & Plan bietet den Kunden, zu denen neben Architekten, Privatkunden und Bauträgern auch Holzbauunternehmen gehören, im Einzelnen folgende Vorteile:

- Verbesserung der Qualität und Ausführung durch Kooperation mit dem jeweils günstigsten Abbundunternehmen (Unternehmen für industrielle Holzbearbeitung) am Markt.
- Erhöhung der Umsatzgeschwindigkeit bei einer gleichzeitigen Personaleinsparung durch Outsourcing.
- Günstigerer Preis durch eigene Werkplanung – das Holzwerk erhält bereits exakte Vorgaben für Angebotserstellung und Produktion.
- Vorherige Entscheidungshilfe durch Visualisierung mittels CAD-Software.

Auf den Punkt gebracht: Basics, Tipps und Tricks

Vielen Gründern fällt es schwer, ihr Alleinstellungsmerkmal herauszuarbeiten. Doch nur wer weiß, was sein Angebot so besonders und einzigartig macht, kann das eigene Profil schärfen und klare Vorteile gegenüber Wettbewerbern kommunizieren. Ansatzpunkte gibt es, wie Sie im Folgenden sehen, mehr als genug. Jetzt müssen Sie entscheiden, welche Sie in den Vordergrund rücken wollen.

Alleinstellungsmerkmale

Die folgende Liste gibt Ihnen Anregungen dazu, wo Sie Ihr individuelles Alleinstellungsmerkmal finden und wie Sie es definieren könnten.

- Produkt/Dienstleistung: neuartige Produkteigenschaften, beste Qualität, niedrigster Preis, längste Produktlebensdauer, ausschließlicher Einsatz umweltverträglicher Materialien, umfassende Serviceleistungen, einzigartiges Dienstleistungsprofil …
- Gründerperson: Wissen, Können, Erfahrung, Flexibilität, Höflichkeit, Erreichbarkeit, Verlässlichkeit gegenüber dem Kunden …
- Prozesse: Schnelligkeit, zertifizierte Prozesse, Gütesiegel, Einfachheit des Bestellvorgangs …
- Marketing: besonders kreative Werbung, Markenimage …

Positionierungsmatrix

Mit einer klaren Positionierung heben Sie sich vom Wettbewerb ab und werden von Ihren potenziellen Kunden als nicht austauschbar wahrgenommen. Dafür ist es wichtig, dass Sie sich eindeutig zu bestimmten Werten bekennen: Stehen Sie für Qualität, einen hohen oder niedrigen Preis, für Exklusivität oder eher für traditionelles Design? Welche Werte vermittelt Ihr Unternehmen? Weltoffenheit, Umweltbewusstsein, Kompetenz, Verlässlichkeit?
Wenn für Ihr Geschäftsvorhaben vor allem zwei Dimensionen maßgeblich sind, können Sie auch hier ein Portfolio einsetzen, um Ihre Positionierung gegenüber den Wettbewerbern zu visualisieren und damit verständlich zu kommunizieren.

Beispiel: Lebensmittelgeschäft

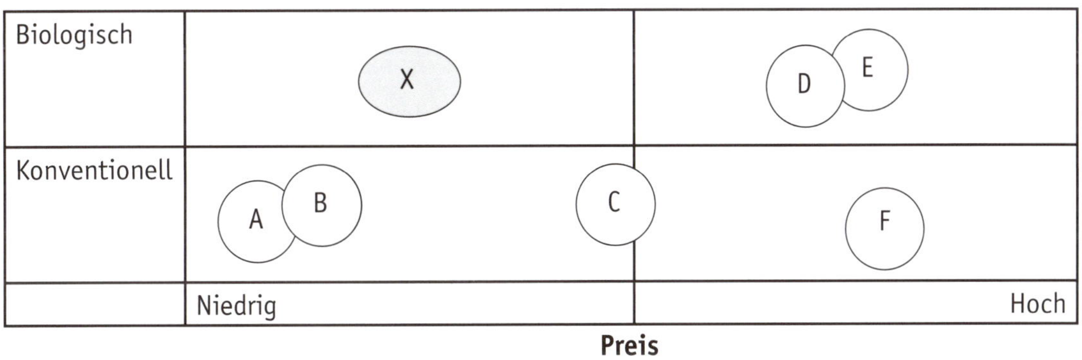

Aus dieser Darstellung wird ersichtlich, dass sich das neue Geschäft X in der Marktlücke der kostengünstigen, biologischen Nahrungsmittel positionieren möchte. Auf Basis einer solch klaren Zuordnung lassen sich zahlreiche Schlussfolgerungen ziehen, zum Beispiel in Hinblick auf die am besten geeigneten Marketingmaßnahmen.

Zeigen Sie Profil

Ein Unternehmensprofil erlaubt es Ihnen, Ihre Positionierung so darzustellen, dass auf einen Blick erkennbar wird, wo Sie im Vergleich zu den Wettbewerbern stehen. Listen Sie hierzu eine Reihe von Eigenschaften auf, die in Ihrer Branche von Bedeutung sind. Anschließend bewerten Sie auf einer Skala zwischen „niedrig" und „hoch", wie Sie und Ihre Wettbewerber sich hinsichtlich der angeführten Kriterien einordnen lassen. Damit die Darstellung übersichtlich bleibt, bietet es sich an, nur die beiden wichtigsten Wettbewerber zu berücksichtigen. In der folgenden Abbildung sehen Sie die Bewertung zweier Unternehmen.

	Niedrig	Hoch
Qualität	O-----O-----O-----X-----O	
Preis	O-----X-----O-----O-----X	
Freundlichkeit	O-----O-----X-----O-----O	
Serviceniveau	X-----O-----O-----X-----O	
Erfahrung	O-----O-----X-----O-----O	
Schnelligkeit	X-----O-----X-----O-----O	

In der Gründungsphase ist es in der Regel nur möglich, Ihr künftiges Unternehmensprofil basierend auf Ihren persönlichen Vorstellungen zu erstellen. Ist Ihr Unternehmen einmal einige Zeit am Markt, so bietet es sich an, das Profil auf Basis einer Kundenbefragung zu aktualisieren. So können Sie überprüfen, ob Ihre Wahrnehmung Ihres Unternehmens mit der des Markts übereinstimmt.

11. Los geht's: Vertrieb und Kommunikation

Beschäftigen Sie sich nun mit Ihrer Vertriebstrategie: Über welche Absatzkanäle wollen Sie Kunden für Ihre Leistungen gewinnen? Waren lassen sich direkt oder indirekt vertreiben. Direktvertrieb ist der Verkauf der Produkte über die eigene Website, einen Versandkatalog oder eigene Verkaufsstellen, während der indirekte Vertrieb über Zwischenhändler erfolgt. Wählen Sie den indirekten Weg, gehen Sie auch darauf ein, welche Händler Sie gewinnen und wie Sie sie von Ihrem Produkt überzeugen wollen.

Bei Dienstleistungen können Sie ebenfalls mit Ihren potenziellen Endkunden direkt in Kontakt treten oder Mittler nutzen. Letztere können Sie auf ganz unterschiedliche Weise unterstützen, indem sie zum Beispiel Flyer auslegen oder Ihnen komplette Projekte vermitteln. Falls Sie auf Mittler zurückgreifen, stellen Sie dar, welche Gegenleistung diese für ihre Bemühungen bekommen (Provision, Umsatzbeteiligung).

Beschreiben Sie, durch welche Kommunikationsmaßnahmen Sie den Vertrieb unterstützen möchten. Stellen Sie dazu nicht einfach eine möglichst lange Liste zusammen, sondern überlegen Sie, womit Sie die größten Effekte erzielen. Nennen Sie konkret Erfolgsaussichten, Kosten sowie den Zeitpunkt jeder Maßnahme.

Haben Sie über Ihr persönliches oder berufliches Umfeld bereits Kontakte zu potenziellen Kunden geknüpft, erwähnen Sie das unbedingt. Stellen Sie dar, wie verbindlich die Kaufabsicht der potenziellen Kunden ist und mit welchem Auftragsvolumen Sie bei einem Vertragsabschluss rechnen. Ähnliches gilt für geplante Kooperationen und Partnerschaften. Gehen Sie darauf ein, mit wem Sie gesprochen haben und wie weit die Verhandlungen bereits sind.

Um eine gewisse Grundauslastung zu erreichen, müssen Sie zunächst besonders viel Energie in die Akquise stecken. Ihre Markteintrittsstrategie wird sich daher von Ihren dauerhaften Vertriebs- und Kommunikationsaktivitäten unterscheiden. Stellen Sie genau dar, wie und wie schnell Sie in den Markt eintreten wollen, und zählen Sie die Maßnahmen auf, die Sie dazu ergreifen.

Leitfragen

- **Welche Vertriebskanäle nutzen Sie? Welche Zielgruppen sind durch welche Vertriebskanäle erreichbar?**
- **Vertreiben Sie direkt oder indirekt? Wie wollen Sie Mittler oder Zwischenhändler von Ihrem Angebot überzeugen?**
- **Wie präsentiert sich Ihr Unternehmen nach außen? Haben Sie ein Logo, eine Website, eine Referenzenliste?**
- **Wie wollen Sie potenzielle Kunden auf Ihr Angebot aufmerksam machen? Welche Werbemaßnahmen planen Sie?**
- **Wie treten Sie mit Kunden und/oder Weiterverkäufern in persönlichen Kontakt?**
- **Zu welchen potenziellen Kunden oder Kooperationspartnern besteht bereits näherer Kontakt? Welcher Art ist dieser?**
- **Welche besonderen Aktionen zum Markteintritt sind geplant?**
- **Wie sieht der Zeitplan aus und welche sind die wichtigsten Meilensteine auf dem Weg zum Ziel?**

Beispiel: Interkulturelles Spanischtraining für Unternehmen

Geschäftsmodell

Felicidad Bueno Muñoz macht sich als Anbieterin von interkulturellen Sprachkursen für Unternehmen selbständig. Sie vermittelt ihren Kunden nicht nur die spanische Sprache, sondern auch die Grundlagen der spanischen beziehungsweise lateinamerikanischen Kultur.

8. Vertrieb und Kommunikation

Es gilt für mich vor allem, den Nutzen meiner Dienstleistungen für meine Kunden kontinuierlich zu erhöhen, um bestehende Kunden zu halten und neue zu gewinnen.

8.1 Akquisition

Das Herstellen von Kontakten zu potenziellen Auftraggebern stellt die Grundlage für die Art der Dienstleistung dar, wie ich sie anbieten möchte. Das bedeutet insbesondere, die Kontakte aus meiner früheren selbständigen und auch aus meiner Angestelltentätigkeit zu nutzen und wieder zu aktivieren. Unter anderem möchte ich auf die IHK München und Bayern zugehen, mit denen ich bereits während meiner Angestelltenzeit zusammengearbeitet habe. Die IHK würde als idealer Multiplikator fungieren. Meiner Meinung nach bieten Werbebriefe und Direct Mailings, zu denen ich [1] auch Kataloge und Prospekte zähle, ein günstiges und effektives Medium, um Bestandskunden erfolgreich zu pflegen und neue Kunden zu gewinnen. Sie bieten folgende Vorteile:

- Ich spreche meine Kunden persönlich an. Meine Botschaft wird auf bestimmte Interessengruppen gebündelt. Streuverluste wie bei Massenmedien entfallen weitgehend.
- Im Werbebrief werden konkrete Angebote formuliert, während andere Werbemaßnahmen mehr der Imagebildung dienen.
- Der Kunde wird mit einem Werbebrief nicht bedrängt. Er muss nicht auf Fragen am Telefon reagieren und sich rechtfertigen, sondern er kann „unbeeinflusst“ reagieren.
- Werbebriefe haben durch ihre Gestaltung ein eigenes Profil. Durch eine Unterschrift signalisiert er, dass ich einen gewissen Aufwand betrieben habe, den Empfänger zu erreichen. Das erzeugt Interesse.
- Werbebriefe können mit vergleichsweise wenig Aufwand realisiert werden.

Weiterhin gehe ich davon aus, Aufträge durch direkte Ansprache (telefonisch oder persönlich) zu bekommen.

Folgende Maßnahmen sind im Detail [2] geplant:

- Versenden von Werbebriefen und Newslettern
- Werben in lokalen Zeitungen, Anzeigenblättern und in der Fachpresse, Branchenfernsprechbuch, Gelbe Seiten
- Aufbau und Veröffentlichung einer Referenzliste zufriedener Kunden
- Angebot von Probetrainings
- Kostenlose Beratungstermine, um den Unterschied zur Konkurrenz darzustellen
- Nach Möglichkeit Erweitern der Angebotspalette um andere nützliche Dienstleistungen
- Anbieten von Garantieleistungen
- Kundenbeschwerden wirklich ernst nehmen
- Durchführen von Kundenbefragungen

Unser Feedback

1 **Kosten- und Zeitaufwand nicht unterschätzen**

Frau Bueno Muñoz setzt hohe Erwartungen in die Direct Mailings und hebt nur deren Vorteile heraus. Dabei hat jede Werbeform auch ihre Nachteile. So zeigt die Erfahrung, dass bei Werbebriefen im Normalfall mit einer Response-Quote (prozentualer Anteil der Empfänger, die auf ein Angebot reagieren) von weniger als zwei, oft sogar nur von 0,5 Prozent zu rechnen ist. Dem gegenüber steht ein großer zeitlicher und finanzieller Aufwand für den Versand und die Erstellung der Mailings, besonders wenn Kataloge und Prospekte hinzukommen. Die Ausführungen von Frau Bueno Muñoz lassen nicht erkennen, dass sie sich mit den Vor- und Nachteilen von Direct Mailings auseinandergesetzt und sie gegeneinander abgewogen hat.

2 **Reine Aufzählungen vermeiden**

Der Umfang der Marketingmaßnahmen ist beeindruckend. Allerdings werden sie hier aufgelistet, ohne dass Frau Bueno Muñoz sie priorisiert und darlegt hat, welche Kosten und welchen Nutzen jede der Maßnahmen mit sich bringt. Zusätzlich sollte sie darstellen, zu welchem Zeitpunkt sie welche Maßnahme einsetzen möchte. Dabei könnte sie stärker zwischen klassischen Werbeaktionen und Maßnahmen zur Kundenpflege unterscheiden.

Tipp

Legen Sie sich nicht zu früh fest

Einen Flyer gut zu texten kostet viel Mühe und Zeit. Umso ärgerlicher ist es, wenn sich der Geschäftsschwerpunkt in den Monaten nach der Gründung verändert und die erstellten Werbematerialien nicht mehr aktuell sind. Beginnen Sie deshalb so flexibel wie möglich! Texte auf einer Homepage lassen sich leicht verändern, und schön gestaltete Postkarten mit einem Link auf Ihre Internetpräsenz genügen am Anfang, um die Aufmerksamkeit potenzieller Kunden zu erregen.

Beispiel: Interkulturelles Spanischtraining für Unternehmen (Fortsetzung)

8.2 Website

Eine repräsentative Homepage [3] im Internet ist gerade in dieser Branche ein wesentliches Marketinginstrument. Die Internetadresse www.abece.spanisch.de kommt wie die Telefonnummer auf die Visitenkarte und in jede Anzeige. Zusätzlich wird die Internetseite bei den wichtigsten Suchmaschinen eingetragen, damit potenzielle Kunden sie finden können. Ein gesonderter Eintrag in das München-Portal [4] erscheint besonders bedeutsam, da für mich die wichtigsten Kunden aus München und Umgebung kommen. [5]

8.3 Corporate Identity

Geplant sind ein einprägsamer Firmenname, ein einfaches Logo und Farben mit Wiedererkennungseffekt und dazu ein passender Slogan: abecé – „Español para los negocios" oder „Interkulturelles Spanischtraining für Unternehmen". Zudem werden Prospekte mit ausführlicher Information über mein Dienstleistungsangebot und Flyer mit kurzen und einprägsamen Informationen, welche die potenziellen Kunden neugierig auf mein Angebot machen, erstellt.

Unser Feedback (Fortsetzung)

3 Website als zentrales Marketinginstrument

Die Gründerin schreibt, dass in ihrer Branche die Website ein zentrales Marketinginstrument ist. Sie sollte dies aber auch begründen. Zudem interessiert es den Leser, was die Zielgruppe von der Website einer Sprachschule erwartet. Suchen die Kunden vor allem Informationen zu Kursen und Preisen, oder spielt eher der optische Eindruck der Website eine Rolle? Wie schätzt die Gründerin die Bedürfnisse ihrer Kunden ein?

4 Nicht gängige Begriffe erläutern

Nicht jeder weiß, worum es sich bei dem „München-Portal" handelt. Hier sollte Frau Bueno Muñoz ergänzen, dass es sich um den Internetauftritt der Stadt München handelt, der auch ein Branchenbuch umfasst.

5 Markenname verfügbar?

Frau Bueno Muñoz Markenname ist griffig und einprägsam. Allerdings hat sie nicht erwähnt, dass sie überprüft hat, ob der gewünschte Markenname noch verfügbar oder schon an ein anderes Unternehmen vergeben ist. Gleiches gilt für die zur Auswahl stehenden Slogans. Achten Sie in Ihrem Businessplan darauf, dies nicht zu vergessen. Gut überlegen sollte man sich generell, ob Slogans in einer fremden Sprache sinnvoll sind. Bedenken Sie, dass die gewünschte Aussage nur dann ankommt, wenn der Leser sie auch versteht.

Fazit

Das Kapitel „Vertrieb und Kommunikation" von Frau Bueno Muñoz stellt sehr anschaulich dar, wie sie an ihre Kunden herantreten möchte. Besonders erfolgversprechend ist, dass sie ihr persönliches Netzwerk für die Herstellung von Geschäftskontakten nutzen möchte. Auch die Vorteile von Mailings werden dem Leser deutlich. Hier wäre allerdings noch eine Kosten-Nutzen-Betrachtung wünschenswert. Für ihre Kundenkommunikation nennt sie zahlreiche kreative Ansätze, die alle gleichzeitig jedoch schwer zu bewältigen sein dürften und deshalb priorisiert werden sollten. Erfreulich ist schließlich, dass sie sich auch über ihre Corporate Identity Gedanken macht.

Tipp

Prüfen Sie, ob Ihr gewünschter Domainname verfügbar ist

Heute gehört zu jeder Firma zwingend die Website mit dem passenden Namen. Prüfen Sie auf der Seite eines Webhosters wie www.domainfactory.de, ob Ihre Wunschdomain noch verfügbar ist. Es kann durchaus sein, dass der Name schon vergeben wurde, aber nicht aktiv genutzt wird. Beim Registrar (für .de-Domains unter der Adresse www.denic.de) können Sie den Eigentümer ermitteln und dann direkt ansprechen. Nutzen Sie auch Domainbörsen wie www.sedo.de oder www.united-domains.de.

Beispiel: Grafikdesign mit Schwerpunkt Druckmedien

Geschäftsmodell

Aufbauend auf ihrer langjährigen Berufserfahrung in der Mediengestaltung macht sich Sandra Brand als freiberufliche Grafikdesignerin selbständig. Die Gestaltung von Druckmedien bildet ihren Angebotsschwerpunkt.

8. Vertrieb und Kommunikation

8.1 Vertriebsstrategie

Trotz des dank schneller Datenübertragungsmöglichkeiten regional nicht sonderlich eingeschränkten Marktgebiets werde ich die Region [1] Ostwestfalen-Lippe bevorzugt nutzen. Dadurch kann ich besonders in der Anfangsphase die Erfahrungen und Resonanzen der Kunden und Lieferanten beziehungsweise Druckereien auswerten. Einige Bielefelder Druckereien und Litho-Anstalten sind mir durch meine Berufstätigkeit schon bekannt; das heißt, ich habe mit diesen schon zusammengearbeitet.

Direktvertrieb

Den Schwerpunkt meiner Vertriebsstrategie möchte ich auf meinen Heimatort Oerlinghausen legen. Dort gibt es einen sehr aktiven Kunstverein, mit dem ich in Kontakt treten möchte. Auch werde ich die dort ansässigen mittelständischen Betriebe wie den Blumenladen, Schreibhandel, Buchhandel und [2] die Musikschule aufsuchen und mein Angebot dort persönlich unterbreiten. Da ich in den genannten Geschäften auch als Kundin regelmäßig erscheine, gibt es keine Barrieren, mit den Geschäftsleuten ins Gespräch zu kommen.
Überhaupt ist Oerlinghausen eine lebendige, kulturelle und florierende Kleinstadt, die auch viele Broschüren zur Touristeninformation herstellen lässt (zum Beispiel für das eigene Freilichtmuseum). Durch den von der Stadt Oerlinghausen im September 200_ veranstalteten Fotowettbewerb, bei dem ich den ersten Platz belegt habe, erhoffe ich mir eine gewisse Chance, an lokale Gestaltungsaufträge zu kommen.

Indirekter Vertrieb

Die neben mir ansässige „Zeitgeist-Agentur für Marketing" vergibt Aufträge an freie Designer. Dort werde ich mein neues Angebot persönlich vorstellen.
Eine befreundete und schon seit einigen Jahren selbständig tätige Designerin gehört zu meinem Mitarbeiternetzwerk. Bei hohem Auftragsvolumen können Aufträge von ihr an mich und umgekehrt weitergegeben werden. Priorität hat jedoch die von anderen Agenturen unabhängige Arbeit.

Unser Feedback

1 Fokussierte Markteintrittsphase

Die Gründerin macht in diesem ersten Abschnitt deutlich, auf welchen geografischen Raum sich ihre Vertriebsmaßnahmen zu Beginn ihrer Geschäftstätigkeit konzentrieren werden. Sie begründet dies glaubhaft mit den bereits bestehenden Kontakten. Diese fokussierte, regional begrenzte Vorgehensweise ist im Falle von Frau Brand genau richtig. Sie tut gut daran, gerade in der Anfangsphase ihrer Unternehmensgründung alle Anstrengungen zu konzentrieren.

2 Direkter und indirekter Vertrieb

Frau Brand schildert eindrucksvoll und gut strukturiert die geplanten Vertriebswege, wobei sie jedem Kanal einen eigenen Abschnitt widmet. Zudem geht Frau Brand jedes Mal darauf ein, wie sie vorhat, Kontakt aufzunehmen. Das ist zum einen die direkte Ansprache (Direktvertrieb) und zum anderen die Zusammenarbeit mit Mittlern (indirekter Vertrieb). Bei Letzteren sollte die Gründerin noch hinzufügen, welche Gegenleistungen (zum Beispiel Provision, Umsatzbeteiligung) die Partner erwarten.

Tipp

Gutscheine werten Werbung auf

Es gibt einen einfachen Weg, wie Sie Ihre Werbematerialien aufwerten können: Machen Sie sie zum Gutschein. Die Aussicht auf 20 Prozent oder fünf Euro Nachlass auf Ihre Leistungen wird viele Empfänger bewegen, Ihren Handzettel an die Pinnwand zu heften, statt ihn wegzuwerfen. So bleiben Sie bei den Empfängern präsent und erhöhen die Wahrscheinlichkeit, dass sie tatsächlich zu Kunden werden.

Beispiel: Grafikdesign mit Schwerpunkt Druckmedien (Fortsetzung)

Bestehende Kontakte und Referenzen
Ein privates Netzwerk macht schon jetzt aktiv Mundpropaganda in der näheren Umgebung für mich. Es bestehen persönliche Kontakte zu einem Bielefelder Steuerbüro, einem Reisebüro, zu Oerlinghausener Geschäftsleuten aus der [3] Gastronomie und zu meinem Referenzkunden, dem Verein Kompetenzzentrum TeDiC, Frauen geben Technik neue Impulse e. V. , welcher mir schon Folgeaufträge zugesichert hat.
Ein weiterer Kontakt besteht zu den „v. Bodelschwinghschen Anstalten Bethel" und zum Bildungswerk „ESTA" in Petershagen, wo ich meine Werbeflyer per E-Mail an die mir bekannten Personen adressieren werde (habe dort schon angefragt).
Momentan arbeite ich an einem Internetauftritt für die FairLog, Int. Spedition GmbH in Köln. Damit habe ich dann eine erste Referenz im Webdesign-Bereich vorzuweisen. Weitere Arbeitsproben sind in der Anlage enthalten.

8.2 Kommunikationsstrategie
Meine Spezialisierung auf Printmedien muss in der Werbung herausgestellt werden. Dies geschieht durch die Gestaltung der eigenen Corporate Identity [4] und des Corporate Designs, welches für sich sprechen soll (= Werbewirkung).

Neben dem persönlichen [5] Vor- beziehungsweise Verkaufsgespräch plane ich diese Maßnahmen:

- Mundpropaganda beziehungsweise Ausnutzung des persönlichen Kontaktnetzwerkes (bereits erfolgreich angelaufen)
- Telefonate, Mailings (nach Absprache)
- Präsentationsmappe für Vorgespräche
- Flyer mit Arbeitsbeispielen, Eyecatcher etc. (auch als Onlineflyer im PDF-Format)
- Ein repräsentativer Internetauftritt mit interaktivem Kontaktformular für Angebotserstellung (in Planung, mögliche Domain zum Beispiel: www.freistil.sandrabrand.de)
- (Kostenfreie) Einträge in Suchmaschinen und Branchenbüchern
- Anwesenheit bei relevanten Veranstaltungen, Hinterlassen von Visitenkarten und Flyern
- Anzeigenschaltung in regionalen Anzeigenblättern (diese Maßnahme vorwiegend für das Privatkundenangebot)

Ziel ist es auch, das Unternehmen unter dem Zusatznamen „freistil" (sandra brand – grafik & design) bekanntzumachen. Die Corporate Identity soll mithilfe dieses Zusatzes dem Kunden vermittelt und präsentiert werden. Das Corporate Design habe ich bereits entwickelt (Logo, Visitenkarte, Geschäftspapiere).

Unser Feedback

3

Kontakte nach Potenzial bewerten

Gut, dass Frau Brand auf die bereits bestehenden Kontakte zu potenziellen Kunden eingeht. Interessant wäre auch noch, wie groß die Nachfrage an ihrer Dienstleistung von dieser Seite ist und mit welchem Auftragsvolumen bei einem Vertragsabschluss zu rechnen wäre. Positiv ist auf jeden Fall das Anführen von Referenzkunden.

4

Schlagwörter mit Inhalt unterfüttern

Frau Brand erwähnt ihre geplante Corporate Identity (CI) und ihr Corporate Design (CD), ohne jedoch auszuführen, was sie sich genau darunter vorstellt und wie dieses aussehen soll. Hier muss sie konkreter werden. Falls sie noch keine Idee hat, ist es besser, dies offen einzuräumen, als den Leser im Unklaren zu lassen.

5

Reine Auflistung der Maßnahmen

Die reine Auflistung der Kommunikationsmaßnahmen ist wenig aufschlussreich. Vielmehr geht es darum herauszuarbeiten, welche Instrumente den Schwerpunkt der Kommunikationsstrategie bilden, welche Effekte sie erzielen und mit welchen Kosten zu rechnen ist. Zudem wäre interessant, welche Maßnahmen fortlaufend eingesetzt werden und welche nur sporadisch.

Fazit

Die Darstellung der Vertriebswege ist sehr gut gelungen. Frau Brand trennt deutlich zwischen den einzelnen Kanälen und erläutert gut nachvollziehbar, welche Aktivitäten sie jeweils geplant hat, um Kunden und Partner für sich zu gewinnen. Die Beschreibung ist nicht zu detailliert, aber auch nicht zu oberflächlich, der Schreibstil ist klar und verständlich.

Weniger eindrucksvoll ist die Darstellung der Kommunikationsstrategie. Hier werden viele Schlagwörter ins Feld geführt, Erläuterung zur konkreten Ausgestaltung und inhaltlichen Zusammenhängen bleibt Frau Brand dem Leser schuldig. Wichtig ist nicht nur, welche Kommunikationsmaßnahmen sie einsetzen wird, sondern vor allem, warum sie sie gewählt hat und welche Ziele sie mit ihnen verfolgt.

Beispiel: Unternehmensberatung für Marketing und Vertrieb

Geschäftsmodell

Die Unternehmensberatung Helmut Schwarz ist spezialisiert auf die Marketing- und Vertriebsbedürfnisse kleinerer Unternehmen, Selbständiger, Freiberufler und Existenzgründer.

8. Vertrieb und Kommunikation

Bereits vor dem Starttermin werde ich alle Bekannten über meine Selbständigkeit als Unternehmensberater informieren und sie bitten, mir ihre Kontakte zu nennen und gegebenenfalls Empfehlungen auszusprechen. Bei einzelnen Geschäftskontakten werde ich schon einmal eruieren, ob es zu einem Auftrag kommen kann, und auch hier um Adressen [1] bitten.
Ab dem Starttermin hat die Telefonakquisition Priorität, um schnell viele Kontakte herzustellen und die ersten Aufträge zu generieren.

[2] *Welche Vertriebskanäle nutzen Sie generell? Welche Zielgruppen sind durch welche Vertriebskanäle erreichbar?*
Direktvertrieb und Vertriebspartner.

Vertreiben Sie direkt oder indirekt? Wie wollen Sie Mittler oder Zwischenhändler von Ihrem Angebot überzeugen?
Ich befinde mich in Gesprächen mit drei möglichen Vertriebspartnern. Der erste Partner (Internetagentur) würde die reine Programmierung der Internetauftritte meiner Kunden übernehmen. Für den zweiten Partner (Geschenkartikelvertrieb) könnte ich Gespräche mit Kunden, die ihr Sortiment erweitern wollen, führen. [3] Der dritte Kooperationspartner (Büroorganisation) und ich vermitteln uns gegenseitig Kunden oder Aufträge. Unsere Leistungen würden wir auf Provisionsbasis abrechnen.

Unser Feedback

1

Vorgespräche möglichst früh führen

Nach Möglichkeit sollten Vorgespräche mit potenziellen Kunden bereits vor der Abgabe des Businessplans getätigt werden. Denn falls die Gespräche positiv verlaufen, können Sie das in Ihrem Plan erwähnen und Pluspunkte beim Prüfer sammeln.

2

Zunächst Leitfragen beantworten

Herr Schwarz wählt eine Methode, die sich bei vielen Gründern als hilfreich erwiesen hat: Er beantwortet die Leitfragen der Reihe nach und bespricht seine Antworten dann mit dem Berater. Im zweiten Schritt arbeitet er das Feedback aus dem Gespräch ein und macht aus den einzelnen Antworten einen flüssig lesbaren Text, den wir Ihnen als Nachher-Version auf den Seiten 114/115 vorstellen.

3

Wer macht was und wofür?

Die Angaben zu den potenziellen Partnern sind noch zu wenig aussagekräftig. Es bleibt unklar, welche Leistungen und Gegenleistungen zwischen den Partnern fließen. Besonders bei der Kooperation mit dem Geschenkartikelhandel wird nicht ersichtlich, wer in der Kooperation welche Aufgaben übernimmt.

Beispiel: Unternehmensberatung für Marketing und Vertrieb (Fortsetzung)

Wie präsentiert sich Ihr Unternehmen nach außen? Verfügen Sie über ein Logo, eine Website, Referenzenliste?
Zunächst werde ich einen eigenen Internetauftritt [4] realisieren und Visitenkarten drucken.

Wie wollen Sie potenzielle Kunden auf Ihr Angebot aufmerksam machen? Welche Werbemaßnahmen planen Sie?
Ich werde mich darum bemühen, dass ich im Beraterpool des Landkreises gelistet werde. Ferner werde ich mich bei *Google Adwords* eintragen. Für meine Homepage werde ich eine Suchmaschinenoptimierung vornehmen.

Wie treten Sie mit Kunden und/oder Weiterverkäufern in direkten Kontakt?
Die Hauptvertriebsaktivitäten bestehen aus der persönlichen Kontaktaufnahme. Hierzu gehören telefonische Reaktivierung von bestehenden Kontakten und Telefonakquisition. Die Direktakquisition kommt wegen des großen Aufwands nur im Einzelfall in Betracht.

Wie beschaffen Sie die Kontaktdaten?
Empfehlungen und Networking sowie Besuche von Veranstaltungen, auf denen sich meine Zielgruppe konzentriert aufhält, sind die wichtigsten und wirksamsten Wege, um hochwertige Kontaktdaten zu erhalten beziehungsweise direkt Kontakte herzustellen. Adressen beschaffe ich mir außerdem über Branchenverzeichnisse und gegebenenfalls Adressverlage.

Zu welchen potenziellen Kunden besteht bereits näherer Kontakt? Welcher Art ist dieser?
Ich habe noch viele Kontakte zu Geschäftsinhabern des Einzelhandels, mit denen ich über viele Jahre beruflich zu tun hatte. [5] Außerdem kenne ich einige Unternehmer aus Handwerk und Dienstleistung als Kunden oder Bekannte.

Welche besonderen Aktionen zum Markteintritt sind geplant?
Ich werde eine Pressemitteilung an die Redaktionen der regionalen Zeitungen und Branchenblätter geben. Zum Markteintritt gilt ein reduzierter Stundensatz.

Wie sieht der Zeitplan aus und welche sind die wichtigsten Meilensteine auf dem Weg zum Ziel?
Beginnend kurz vor dem Start meiner Selbständigkeit werden die Aktivitäten zum Markteintritt voraussichtlich über einen Zeitraum von einem Monat intensiver und dann sukzessive über einen Zeitraum von bis zu drei Monaten stattfinden.

Unser Feedback (Fortsetzung)

4 **Ein einheitliches Design für alle?**

Bei den geplanten Kommunikationsmitteln bleibt Herr Schwarz noch vage. Es ist auch von Bedeutung, wie sie jeweils auf den Kunden wirken und wann sie realisiert werden sollen. Ein wichtiger Aspekt des Außenauftritts ist zudem das Corporate Design. Wenn der Gründer ein einheitliches Design für sein Unternehmen einführen möchte, ist dies die richtige Stelle, darauf einzugehen.

5 **Wie aus Kontakten Kunden werden**

Herr Schwarz führt an, welche Kontakte er hat – aber nicht, wie konkrete Aufträge daraus entstehen sollen. Wie will er seine Kontakte aktivieren? Wie groß ist das Interesse an seiner Dienstleistung?

Fazit

Die Vorher-Version ist die erste Fassung des Gründers zum Thema Vertrieb und Kommunikation. Herr Schwarz hat sich dabei an den Leitfragen orientiert und jede in knapper Form beantwortet. Der nächste Schritt ist nun, daraus einen Fließtext zu verfassen und an einigen Stellen weiter in die Tiefe zu gehen. Dafür sollte Herr Schwarz die Reihenfolge der Leitfragen aufbrechen und das Kapitel nach Themenbereichen gliedern.

Beispiel: Unternehmensberatung für Marketing und Vertrieb

8. Vertrieb und Kommunikation

Markteintrittsphase
Wichtigste Maßnahme ist die permanente Aufnahme und Pflege persönlicher Kontakte. Mein vorrangiges Ziel ist es, möglichst schnell viele qualifizierte Kontakte herzustellen und daraus sehr bald erste Aufträge zu generieren. Die höchste Umwandlungsrate ist bei bereits länger bestehenden Kontakten zu erwarten. Bereits vor dem Starttermin werde ich deshalb alle Bekannten über meine Selbständigkeit als Unternehmensberater informieren und diese bitten, mir wiederum ihre Kontakte zu nennen und gegebenenfalls Empfehlungen auszusprechen.
Zudem habe ich zahlreiche Kontakte zu Geschäftsinhabern des Einzelhandels, mit denen ich über viele Jahre beruflich zu tun hatte. Bei einigen davon habe ich schon einmal eruiert, ob es zu einem Auftrag (eventuell als Probeauftrag) kommen kann. Dies werde ich fortsetzen und auch hier um Adressen bitten. Meine Zielgruppen sind durch die persönliche Ansprache und durch Empfehlungen am besten zu erreichen.
Zur Geschäftseröffnung werde ich eine Pressemitteilung an die Redaktionen der regionalen Zeitungen und der Branchenblätter geben. Zum Markteintritt gilt ein reduzierter Stundensatz.
Ab dem Starttermin hat neben der permanent stattfindenden Telefonakquisition der direkte Besuch der Unternehmer, die ich von früher kenne, Priorität (Kontaktpflege).

Festigungs- und Ausbauphase
Auch in der Festigungs- und Ausbauphase bleibt die Hauptvertriebsaktivität die persönliche Kontaktaufnahme. Hierzu gehören weiterhin die telefonische Reaktivierung von bestehenden Kontakten und die Telefonakquisition. Die Direktakquisition kommt wegen des großen Aufwands nur im Einzelfall in Betracht.
Empfehlungen und Networking sowie Besuche von Veranstaltungen, auf denen sich meine Zielgruppe konzentriert aufhält (Verbandsversammlungen, Fachmessen), sind am wichtigsten und wirksamsten, um hochwertige Kontaktdaten zu erhalten und direkt Kontakte herzustellen. Adressen beschaffe ich mir außerdem über Branchenverzeichnisse und gegebenenfalls über Adressverlage.
Ich werde zudem klären, ob eine Listung im Beraterpool des Landkreises möglich ist. Nach und nach werde ich auch bei den Handelskammern entsprechende Vorstöße unternehmen.
Nach erfolgreicher Abwicklung der ersten Aufträge bemühe ich mich um Empfehlungsschreiben meiner Kunden, die ich dann werbewirksam verwende.

Vertriebspartner
Ich befinde mich in Gesprächen mit drei Unternehmen mit dem Ziel einer Partnerschaft. Dem ersten Partner (Internetagentur) vermittle ich Kunden für die reine Programmierung der Internetauftritte. Dem zweiten Partner (Geschenkartikelhandel) könnte ich meine Kunden vermitteln, die ihr Sortiment erweitern wollen. Hier ist auf Dauer eine Vertiefung der Zusammenarbeit denkbar, da dieser Partner an Unterstützung beim Aufbau eines Vertriebsnetzes interessiert ist. Der dritte Kooperationspartner (Büroorganisation) und ich vermitteln uns gegenseitig Kunden oder Aufträge. Unsere Leistungen werden wir auf Provisionsbasis gegenseitig abrechnen. Ziel der Kooperation ist es vorrangig, Synergien hinsichtlich Kundengewinnung zu nutzen.

Außenauftritt

Zur persönlichen Kontaktaufnahme kommen die Maßnahmen zum Unternehmensauftritt und zur Information und Werbung hinzu. Hierzu wird noch ein Corporate Design mit Firmierung und Logo entwickelt. Wichtig ist die kurzfristige Realisierung eines Internetauftritts, der Interessenten vor allem zur Information dient. Gleichzeitig werde ich ansprechende Visitenkarten produzieren lassen. Für die Auslage an passenden Orten und als Reminder für Kunden (nach ersten Kontaktgesprächen) werde ich eine vorerst kleinere Auflage von Info-Foldern drucken lassen.

Zeitplan

1. Markteintrittsphase (drei Monate): Information aller Bekannten und Geschäftskontakte über meine Tätigkeit, Pressearbeit, Anzeigen, Kontakte zu Verbänden und Institutionen, Akquisition.
2. Festigungsphase (neun Monate): Fortsetzung der Aktivitäten mit Verlagerung des Schwerpunkts auf Akquisition und Kontaktpflege.
3. Ausbauphase (ab Beginn des zweiten Jahres): Schwerpunkt Akquisition und Folgegeschäfte.

Mein Zeitplan von der Markteintrittsphase bis zur Festigungs- und Ausbauphase unterliegt einem ständigen Soll-Ist-Vergleich. Neue Erkenntnisse führen entsprechend zu Veränderungen.

Auf den Punkt gebracht: Basics, Tipps und Tricks

Beim Thema Vertrieb und Kommunikation geht es darum, einen Schlachtplan festzulegen, wie Sie Ihr Produkt oder Ihre Dienstleistung an die Kunden bringen. Die Ihnen zur Verfügung stehenden Mittel sind dabei beschränkt, und es kann einige Zeit dauern, bis die Akquise erste Aufträge hervorbringt. Umso wichtiger ist eine gute Vorbereitung und die richtige Auswahl der Vertriebs- und Marketinginstrumente.

Arten des Vertriebs

Sie wissen bereits, dass es zwei Arten des Vertriebs gibt, den direkten und indirekten. Hier stellen wir Ihnen die wichtigsten Vertriebswege (Distributionskanäle) in den beiden Bereichen vor.

Direktvertrieb

- Direktverkauf beim Kunden (durch Handelsvertreter oder Reisende)
- Telefonverkauf des Herstellers/Dienstleisters (nicht eines Händlers)
- E-Commerce des Herstellers/Dienstleisters (nicht eines Händlers)
- Kommissionsverkauf (Ware bleibt Eigentum des Herstellers)
- Direktvermietung (direktes Leasing)
- Direkttausch

Indirekter Vertrieb

- Handelsverkauf (Vertrags- und freie Händler)
- Franchising (Franchise-Nehmer handelt im eigenen Namen und auf eigene Rechnung)
- Indirekte Vermietung (indirektes Leasing)
- Indirekter Tausch (Bartering)

Tipp

Planen Sie zurückhaltend

Die Erfahrung zeigt, dass die meisten Gründer den zeitlichen Aufwand für Werbung und Akquisemaßnahmen unter- und deren Wirkung überschätzen. Neue Websites werden ohne Werbung und aktive Suchmaschinenoptimierung zunächst kaum gefunden, Mailingaktionen ergeben ebenso wie Flyer, die verteilt oder ausgelegt werden, meist eine sehr geringe Rücklaufquote. Auch bei der Kaltakquise stellen Gründer fest, dass nur ein kleiner Bruchteil der kontaktierten Personen bereit ist, ein Gespräch mit ihnen zu führen. Lassen Sie sich durch derartige Erfahrungen jedoch nicht abschrecken, sondern überlegen Sie, wie Sie Ihre Zielgruppe am effizientesten auf Ihre Alleinstellungsmerkmale aufmerksam machen können.

Das richtige Timing: Zeitplan und Meilensteine

Ein gelungener Markteintritt bedarf eines ausgefeilten Zeitplans. Stellen Sie in Ihren Ausführungen zur Markteintrittsstrategie dar, welche wesentlichen Schritte während der Markterschließung zu bewältigen sind und welche Zwischenziele (Meilensteine) wann erreicht sein sollen.

Ihren Zeitplan können Sie entweder ausformulieren (Beispiel auf Seite 115) oder Sie stellen ihn grafisch dar. Als Visualisierung bietet sich ein Balkendiagramm an. Tragen Sie in den ersten beiden Zeilen den Zeitrahmen der Markteintrittsphase in Monaten und Wochen ab, beispielsweise sechs Monate. In der ersten Spalte werden die Aktivitäten und Meilensteine, die in diesem Zeitraum zu erledigen beziehungsweise zu erreichen sind, aufgeführt. Listen Sie nur die Aktivitäten auf, die für die Entwicklung des Unternehmens eine besondere Bedeutung haben.
Die Meilensteine werden in Form von Rauten dargestellt und markieren wichtige Ergebnisse, die zu bestimmten Terminen erreicht werden sollen, zum Beispiel die Aufnahme der Produktion, ein Vertragsabschluss mit einem Vertriebspartner, die Einstellung des ersten Mitarbeiters oder das Erreichen der Gewinnzone.
Ein solcher Zeitplan kann mehrere Dutzend Aktivitäten umfassen, die sich jeweils auf ein bestimmtes Ziel beziehen. Das folgende Beispiel stellt das Arbeitspaket „Homepage" dar, das wiederum Teil eines umfassenderen Zeitplans sein könnte.

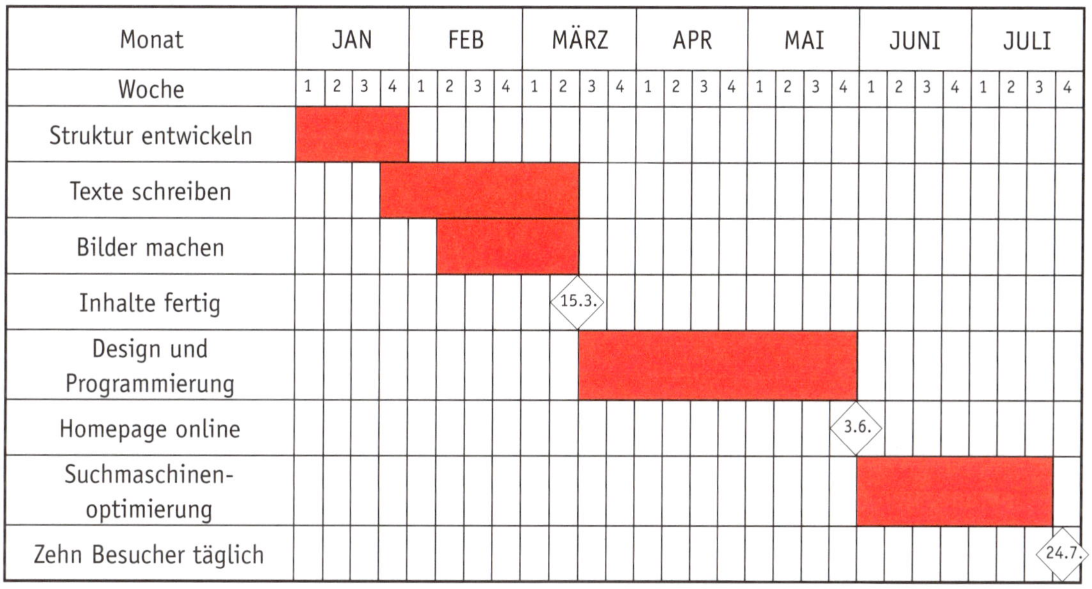

Die Mischung macht's

Im Folgenden haben wir die wichtigsten Kommunikationsmaßnahmen für Gründer aufgelistet. Welche davon für Sie sinnvoll sind, hängt von Ihrer Geschäftsidee und Ihren individuellen Voraussetzungen ab. Beschränken Sie sich auf einige wenige, die zusammen eine stimmige Kombination ergeben.

Klassische Werbung

- Anzeigen in lokalen Medien
- Telefon- und Branchenbucheinträge
- Außenwerbung (Plakate, Hinweisschilder)

Werbemittel

- Flyer/Handzettel
- Postkarten
- Coupons
- Image-/Produktbroschüre
- Werbegeschenke (Kugelschreiber, Feuerzeuge ...)

Rund um den Laden

- Schaufenstergestaltung
- Fahrradständer
- Gehwegaufsteller

Veranstaltungsmarketing

- Tag der offenen Tür
- Eröffnungsfeier
- Messeauftritt

Pressearbeit (PR)

- Versand von Pressemitteilungen
- Presseveranstaltung

Networking

- Bestehende Kontakte reaktivieren
- Neue Kontakte aufbauen

Direktmarketing

- Mailings per Post/E-Mail
- Telefonmarketing

Onlinemarketing

- Website
- Newsletterversand
- Suchmaschinenoptimierung
- Textanzeigen (zum Beispiel bei *Google Adwords*)
- Banner
- Einträge in Onlinebranchenbücher

Corporate Design

Ein weiterer Faktor spielt ebenfalls eine wichtige Rolle: Großunternehmen achten sehr auf die Pflege ihrer Corporate Identity. Darunter versteht man die unverwechselbare Unternehmensidentität oder Unternehmenspersönlichkeit. Ein wichtiger Bestandteil der CI ist ein einheitliches optisches Erscheinungsbild, das sogenannte Corporate Design. Dazu gehören unter anderem Firmenfarben, eine bestimmte Schriftart, ein Logo und gegebenenfalls ein Slogan. Achten Sie auch als Gründer darauf, dass Ihre Kommunikationsmedien – von der Visitenkarte bis hin zum Briefpapier, auf das Sie die Rechnung drucken – ein einheitliches Bild ergeben. Durch eine konsequente Einhaltung des CD etwa bei Werbemitteln, Geschäftsdokumenten und Visitenkarten tritt nach einiger Zeit ein Wiedererkennungseffekt beim Kunden ein.
Selbstgestaltete Logos und Firmenunterlagen sind der Stolz vieler Gründer – doch sie genügen in aller Regel professionellen Ansprüchen nicht. Lassen Sie sich von einem Fachmann oder einer Fachfrau beraten. Ein guter Grafikdesigner ist in der Lage, in relativ kurzer Zeit ein professionelles Konzept für Ihr CD zu entwickeln, auf das Sie langfristig aufbauen können.

12. Gut aufgestellt: Abläufe und Organisation

Vermitteln Sie Ihrem Leser mit diesem Kapitel, in welchen Schritten Sie Ihre Leistungen erbringen und wie Ihr Unternehmen aufgebaut ist. Beschreiben Sie als Erstes, aus welchen Einzeltätigkeiten sich Ihre Leistungserbringung zusammensetzt.

Bei einem Ingenieurbüro sind das zunächst der Kundenkontakt und der Abschluss eines Projektvertrags. Daran schließt sich die eigentliche Projektbearbeitung an, die wiederum mehrere Schritte umfassen kann. Am Ende stehen dann die Rechnungsstellung und gegebenenfalls das Mahnwesen. Berücksichtigen Sie bei der Darstellung der Prozesse, dass der Leser in der Regel nicht mit den Abläufen Ihres Geschäfts vertraut ist. Erläutern Sie daher die Tätigkeiten entsprechend genau. Bedenken Sie auch, dass in jedem Unternehmen Aufgaben anfallen, die nicht zum Kerngeschäft gehören. Das sind unter anderem Buchhaltung, Steuererklärungen, IT-Administration und eventuell die Abrechnungen für das Personal.

Anschließend stellen Sie dar, wer die Tätigkeiten ausführt. Das kann der Gründer, ein Mitarbeiter oder ein externer Dienstleister sein. Bei Gründerteams sollte die Aufgabenverteilung den Verantwortungsbereichen der einzelnen Gesellschafter entsprechen. Erläutern Sie in diesem Zusammenhang auch Ihre Ressourcenplanung: Welche Mitarbeiter wollen Sie wann für welche Tätigkeiten einsetzen? Welche Software werden Sie benutzen, um den täglichen Arbeitsablauf zu unterstützen (Buchhaltungsprogramm, Adressverwaltung)?

Gehen Sie dann darauf ein, welche Funktionen an externe Dienstleister ausgelagert werden (Outsourcing). Stellen Sie dar, wie die Zusammenarbeit im Einzelnen gestaltet wird.

Leitfragen

- **Was sind die Kernaufgaben Ihres Unternehmens?**
- **Wie sind die Abläufe strukturiert? Aus welchen Einzeltätigkeiten setzen sie sich zusammen? Wo werden sie erbracht?**
- **Welche unterstützenden Funktionen sind darüber hinaus erforderlich? Wie werden insbesondere eine ordentliche Buchhaltung und Steuererklärung sichergestellt?**
- **Wie sieht die Organisationsstruktur Ihres Unternehmens aus? Bei Teamgründungen: Welche Aufgaben übernehmen die einzelnen Gesellschafter?**
- **Wie viele freie, Halbtags- oder Vollzeitmitarbeiter brauchen Sie und ab wann?**
- **Welche technische Ausstattung und Infrastruktur setzen Sie ein?**
- **Wie organisieren Sie die Zusammenarbeit mit externen Dienstleistern und Ihren Kooperationspartnern?**

Beispiel: Internationales Handelsunternehmen

Geschäftsmodell
Das Handelsunternehmen Grossklaus.eu GmbH ist als Verkaufsagent, Importeur und Exporteur international tätig.

9. Abläufe und Organisation

9.1 Ablauforganisation

Der Kernprozess meines Unternehmens [1] ist der Warenvertrieb.
Erste Kundenkontakte werden per E-Mail oder Telefon hergestellt, danach wird die Präsentation des Unternehmens und des Geschäftsmodells vorgenommen. Bei Gefallen des Kunden werden ein persönliches Treffen vereinbart [2] und Vorteile einer Zusammenarbeit (auch Kooperation) und die Nutzung von Synergien erörtert. Dieser Vorvereinbarung folgt das Aufsetzen eines Vertrags zwischen beiden Parteien, welcher das individuelle Geschäftsmodell und -verhältnis klärt.

9.2 Ort der Leistungserstellung

Ort der Leistungserstellung ist das im Kapitel „Unternehmen und Produkte“ beschriebene Büro.

9.3 Management

Als Unternehmer werde ich folgende Bereiche verantworten:

- Kundenakquise
- Key-Account-Management
- Allgemeine Planung, Steuerung sowie Vertragsverhandlungen und -abschlüsse
- Buchhaltung
- Implementierung und Pflege einer IT-Infrastruktur

Unterstützung in diesen Bereichen [3] und auch beim Schriftverkehr wird durch eine Bürokraft sichergestellt.

9.4 Mitarbeiterplanung

Im ersten Jahr wird ein Mitarbeiter für die Buchhaltung und für [4] Schreibarbeiten eingestellt. Je nach weiterer Auftrags- und Kundenlage kann die Einstellung weiterer Angestellter realisiert werden. Die Mitarbeiterplanung ist somit relativ flexibel angelegt, um zu hohe Fixkosten zu vermeiden.

9.5 Infrastruktur

Eine Büroinfrastruktur, bestehend aus Computer, Telefon, Netzwerk und allen nötigen Büromitteln, ist bereits vorhanden. Es fehlen lediglich Marketingmaterialien, eine Website sowie die Erstellung einer Corporate Identity (CI) und eines Corporate Designs (CD).

9.6 Sicherstellung der Buchhaltung

Die Buchhaltung wird durch mich sowie einen Büroangestellten sichergestellt. Bei komplexeren Fragen oder dem Jahresabschluss werde ich einen erfahrenen Steuerberater konsultieren.

Unser Feedback

1 **Gute Struktur**

Die Ausführungen des Gründers sind klar und nachvollziehbar strukturiert. Die Unterüberschriften spiegeln alle wichtigen Inhalte wider und decken damit unsere Leitfragen ab.

2 **Darstellung der Abläufe**

Zwar hat der Gründer hier die wichtigsten drei Schritte des Prozesses angeführt, nämlich Kontaktaufnahme, Vorvereinbarung und Vertragsschluss, die Darstellung ist aber noch zu oberflächlich. Ein Außenstehender wird den Ablauf so nicht verstehen. Sollte sich der Ablauf dieser drei Tätigkeiten von Fall zu Fall stark unterscheiden, könnte der Gründer den Prozess anhand eines anschaulichen Beispiels darstellen.

3 **Auf Vollständigkeit achten**

Neben dem reinen Verkaufsprozess sind im Handel weitere Abläufe relevant. Man denke hier beispielsweise an Wartung oder Kundenservice beim Vertrieb von elektronischen Produkten. Falls der Gründer diese Tätigkeiten nicht selbst erledigt, sollte er zumindest kurz erwähnen, wer sie übernimmt.

4 **Mitarbeiterplanung**

Aus den Ausführungen des Gründers lässt sich nicht erkennen, ob bereits bestimmte Personen als Mitarbeiter vorgesehen sind. Falls ja, sollte er das ruhig erwähnen und deren Qualifikation darstellen. Falls nicht, wäre es sinnvoll darzulegen, wie er passende Mitarbeiter finden will und welche Anforderungen mit den Stellen verbunden sind.

Fazit

Eine klar strukturierte, jedoch im Verhältnis zur Dimension des Vorhabens eher knappe Übersicht der Abläufe und Organisation. Mehr Detailtiefe an einigen Stellen wäre sehr wünschenswert, die Kernbotschaft wird aber bereits in dieser Version deutlich.

Beispiel: Immobilienmakler für Wohn- und Gewerbeobjekte

Geschäftsmodell

Georg Schön Immobilien vermittelt Wohn- und Gewerbeobjekte zur Vermietung und zum Verkauf. Der Aktionsradius umfasst die Stadt und den Großraum München.

9. Abläufe und Organisation

Verkäufer beziehungsweise Vermieter [1] („Produktlieferanten") und Käufer beziehungsweise Mieter („Endkunden") schalten eigene Anzeigen und werden hierüber direkt kontaktiert. Dabei biete ich ihnen meine Dienstleistung an.

Verkauf: Vorgehensweise

Entscheidet sich der Produktlieferant dazu, meine Dienstleistung zu beauftragen, werden das Objekt und alle relevanten Informationen (Notarverträge, alte Mietverträge, Eigentümerprotokolle, Nebenkostenabrechnungen) gesichtet. Angestrebt wird ein Alleinvermietungs- beziehungsweise ein Alleinverkaufsauftrag.

Danach werden drei Absatzkanäle beim Vertrieb eingesetzt. Das Objekt wird erstens im Internet platziert, zweitens im Immobilienteil der „Süddeutschen Zeitung" und drittens auf der eigenen Homepage. [2] Auch meine eigene Kundenkartei werde ich sichten. Potenzielle Endkunden nehmen dann aufgrund der Anzeige Kontakt mit mir auf. Diese Anfragen kann ich per Telefon, per E-Mail in Kombination mit dem mobilen BlackBerry™-System oder per Internet entgegennehmen. Die Erreichbarkeit ist für den potenziellen Endkunden somit jederzeit garantiert.

Der Verkäufer wird während der Verkaufsphase 14-tägig mithilfe eines Statusberichts über die laufenden Aktivitäten (Schalten von Anzeigen etc.) sowie Interessenten und deren Status (Gründe für Interesse und möglicherweise Ablehnung) informiert. Transparenz für beide Seiten – für den Verkäufer als Produktlieferanten und seinen Makler – ist hier oberstes Ziel.

Im Fall eines Kontakts mit einem Kaufinteressenten wird anhand von Checklisten dessen Motivation erfragt und herausgearbeitet, ob das Objekt für den Kunden [3] passend ist. Damit schütze ich mich als Makler auch vor dem sogenannten Besichtigungstourismus – also vor Besichtigungen ohne ernsthaftes Kaufinteresse. Danach wird ein Besichtigungstermin vereinbart. Ist der Kunde nach der Besichtigung unverändert am Objekt interessiert, bekommt er weitere Informationen. Falls als Service gewünscht, kann dem Endkunden ein Finanzierungsgespräch bei einer Bank vermittelt werden. Parallel wird der Notarvertrag nach den Wünschen des Käufers vorbereitet und die Endversion vom Notar erarbeitet. Diese geht den Parteien zur Prüfung zu. Der Notarvertrag wird mit dem Endkunden vorab gemeinsam durchgesprochen, dabei werden alle Fragen beantwortet sowie Unklarheiten beseitigt. Die Betreuung und Beratung durch mich als Makler ist bei der notariellen Beurkundung besonders wertvoll. Als Makler bin ich in dieser Situation Vertrauensperson für den Endkunden. Im Anschluss an die Unterzeichnung beim Notar stelle ich die Rechnungen an meine Endkunden.

Vermietung – Vorgehensweise

(...)

Unser Feedback

1 **Klare Begrifflichkeiten**

Als Immobilienmakler hat es Herr Schön einerseits mit Verkäufern und Vermietern, andererseits mit Käufern und Mietern zu tun. Schon am Anfang seiner Ausführungen grenzt er diese beiden Gruppen klar voneinander ab und gibt ihnen griffige Namen. Damit kann er die folgenden Passagen gut strukturieren.

2 **Aufzählung im Fließtext**

Die Einbettung ist gut gelungen. Zunächst sagt der Gründer, dass es drei Vertriebswege gibt, und benennt diese nacheinander. Damit sind die Inhalte für den Leser genauso übersichtlich, als wenn er sie mit Spiegelstrichen aufgelistet hätte, die Aufzählung fügt sich so aber besser in den Text ein.

3 **Begriffe gleich verwenden**

Herr Schön schreibt an dieser Stelle von „Kunden". Doch es wäre besser, wenn er die zu Beginn des Kapitels eingeführten Begriffe im gesamten Text einheitlich weitergeführt hätte. An dieser Stelle sollte von „Endkunden" die Rede sein.

Fazit

Herrn Schön gelingt es, den Ablauf eines Immobilienverkaufs sehr plastisch aufzuzeigen. Die einzelnen Schritte werden auch dem Laien deutlich. Kaum zu finden sind dagegen Beschreibungen der internen Organisation, der Personalplanung und der Abwicklung von unterstützenden Abläufen, insbesondere der Buchhaltung. Hier sollte Herr Schön Inhalte ergänzen.

Tipp

Der bedingte Trennstrich

Besonders lange Wörter führen dazu, dass bei linksbündiger Absatzformatierung einzelne Zeilen sehr kurz ausfallen oder bei Blocksatz der Abstand zwischen den einzelnen Worten sehr groß wird. Sie können diese Effekte vermeiden: Fügen Sie in lange Wörter bedingte Trennstriche ein, indem Sie die Tasten „Strg" und „-" gleichzeitig drücken. Das Wort wird dann an dieser Stelle getrennt, es rutscht also nicht komplett in die nächste Zeile. Diese bedingten Trennstriche werden im Ausdruck nur sichtbar, wenn ein Wort tatsächlich umbrochen wird.

Beispiel: Private Nachmittagsschule

Geschäftsmodell

In der privaten Nachmittagsschule von Jürgen Borchert werden Schüler von der ersten bis zur siebten Jahrgangsstufe betreut, deren Eltern berufstätig sind oder die schulische Probleme haben. Das ABC-College bietet unter anderem professionelle Hausaufgabenbetreuung, Leseübungen, Konzentrationstraining und Lernhilfe an.

9. Abläufe und Organisation

Bei der Kinderbetreuung [1] werde ich von einem Lehrteam unterstützt, das sich aus studierenden, erfahrenen und pensionierten Pädagogen zusammensetzt.
Des Weiteren analysieren die Lehrer die Lernstandssituation und die Probleme der [2] Kinder beim Arbeiten. Das Team regt weitere Maßnahmen zur Verbesserung an.
Das Lehrteam wird aus mindestens zwölf Personen bestehen. [3]
Folgende Aufgaben werden verteilt:

Buchhaltung	Hans Müller
Steuer	Hans Müller
Personalabrechnung	Steuerkanzlei Rudolf
Pädagogische Unterstützung	Andrea Borchert
Mitarbeiterschulung	Andrea Borchert

Alle anderen Verwaltungsaufgaben werde ich übernehmen.

- Betreuung der Kinder
- Personalverantwortung
- Schülerverwaltung
- Elternbetreuung
- Werbung und Marketing
- Reinigung und Wartung (Hausmeistertätigkeit) [4]
- Computer-Support und Wartung

Öffnungszeiten

Montag bis Freitag von 11:00 bis 17:00 Uhr [5]
In den Ferien geschlossen (zunächst)

Essen

Das Essen wird über einen Catering-Service abgewickelt. Als Selbstträger wurde es nicht extra in die Planung mit aufgenommen. Jeder, der an der Ausgabe von Essen beteiligt ist, wurde (und wird zukünftig) entsprechend den Vorschriften des Hygienegesetzes von Frau Dr. Hildegard Schmid belehrt.

Unser Feedback

1
Unstrukturierte Darstellung

Durch die fehlende Struktur fällt es schwer, den Ausführungen von Herrn Borchert zu folgen. Der Text enthält zwar zahlreiche Informationen, doch sie werden dem Leser nicht in sinnvoller Form präsentiert.

2
Planung der Organisation

Herr Borchert legt dar, mit welchem Personal die Kinderbetreuung bewerkstelligt wird und welche Aufgaben an externe Dienstleister vergeben werden. Die Grundzüge der Organisation werden sehr deutlich.

3
Kernabläufe identifizieren

Auch wenn es in einer Schule keine so eindeutigen, sich wiederholenden Abläufe wie beispielsweise in einem Produktionsbetrieb gibt, lassen sich doch regelmäßige Prozesse ausmachen. Für den Unternehmenserfolg ist es unerlässlich, dass auch diese Aufgaben sorgsam geplant werden. Dazu könnte Herr Borchert den Tagesablauf in seiner Schule beschreiben, zum Beispiel die Zeiten für die Betreuung, das Mittagessen, die Hausaufgabenhilfe oder den Computerunterricht. Zudem könnte er ausführen, wie er diese Aktivitäten organisiert.

4
Zwei Gruppen von Prozessen

Zu den Kernprozessen zählen diejenigen, die für das Unternehmen erfolgskritisch sind, die anderen erfüllen eine unterstützende Funktion. Für den Leser ist schwer auszumachen, in welche Kategorie die einzelnen Abläufe fallen, da Herr Borchert Kinderbetreuung sowie Reinigung und Wartung gleichrangig in seiner Liste aufführt. Hier sollte er stärker differenzieren. Hinzu kommt, dass einige Tätigkeiten im Text gar nicht erwähnt werden, zum Beispiel bleibt offen, wer die Rechnungen schreibt.

5
Infrastruktur beschreiben

Auch Informationen über die technische Infrastruktur sind erforderlich, um Abläufe und Organisation eines Unternehmens nachvollziehen zu können. Herr Borchert sollte wenigstens in knapper Form auf diese Ausstattung seiner Schule eingehen.

Fazit

Herrn Borcherts Text vermittelt einen ersten Eindruck der Abläufe und der Organisation seines Vorhabens. Allerdings ist die Beschreibung unstrukturiert ausgefallen, sodass sich der Leser keine klare Vorstellung der Gegebenheiten machen kann. Damit wird nicht erkennbar, ob ein reibungsloser Betriebsablauf tatsächlich gewährleistet ist.

Beispiel: Private Nachmittagsschule

9. Abläufe und Organisation

Kernabläufe

Als Geschäftsführer des ABC-College verantworte ich die folgenden Kernprozesse:

- Betreuung der Kinder
- Personalverantwortung
- Schülerverwaltung
- Elternbetreuung
- Werbung und Marketing

Das Essen wird über einen Catering-Service abgewickelt. Da die Kosten direkt an die Schüler weitergegeben werden, wurden sie nicht extra in die Finanzplanung mit aufgenommen. Jeder, der an der Ausgabe von Essen beteiligt ist, wurde beziehungsweise wird von Frau Dr. Hildegard Schmid entsprechend den Vorschriften des Hygienegesetzes belehrt.

Tagesablauf

Öffnungszeiten: Montag bis Freitag von 11:00 bis 17:00 Uhr
In den Ferien geschlossen (zunächst)
Lernplanung durch jeden Schüler nach Ankunft
Gemeinsames Mittagessen I. Gruppe ca. 13:00 Uhr
Gemeinsames Mittagessen II. Gruppe ca. 14:00 Uhr
Hausaufgabenbetreuung bis ca. 15:00 Uhr
Individuelle Förderung bis ca. 16:00 Uhr oder 17:00 Uhr

Personalplanung

Bei der Kinderbetreuung werde ich von einem Lehrteam unterstützt, das sich aus studierenden, erfahrenen und pensionierten Pädagogen zusammensetzt. Es besteht aus mindestens zwölf Personen, wie viele davon eingesetzt werden, hängt jeweils von der Schülerzahl ab. Sie übernehmen die Betreuung der Kinder und fördern diese. Des Weiteren analysieren die Lehrer die Lernstandssituation und Probleme der Kinder beim Arbeiten. Das Team regt weitere Maßnahmen zur Verbesserung an, indem es Übungsmaterialien bereitstellt, Lernteams zusammenstellt und individuelle Gruppenarbeit oder Einzelförderung leistet. Täglich werden Qualität der Arbeit und Fortschritte überprüft. In regelmäßigen Gesprächen wird der Erfolg mit den Eltern abgeglichen.

Technische Infrastruktur (Übersicht)

1 ISDN-Anlage
1 Netzwerk
1 Multifunktionsdrucker
3 Computerarbeitsplätze für Schüler
1 Computerarbeitsplatz für Verwaltung/als Alternativrechner
5 Montessori-Arbeitsplätze: Der Arbeitstisch ist als Einzelarbeitsplatz so strukturiert, dass die Schüler ihr Lernmaterial in greifbarer Nähe von oben nach unten und von links nach rechts aufbauen und durcharbeiten können. Ersatzweise oder zusätzlich sind Teppiche für die Arbeit am Boden vorgesehen.

Unterstützende Abläufe

Folgende Aufgaben werden verteilt:

Buchhaltung	Hans Müller
Steuer	Hans Müller
Personalabrechnung	Steuerkanzlei Rudolf
Pädagogische Unterstützung	Andrea Borchert
Mitarbeiterschulung	Andrea Borchert
Qualitätsmanagement	Andrea Borchert, Jürgen Borchert
Rechnungs- und Mahnwesen	Jürgen Borchert
Reinigung und Wartung (Hausmeister)	Jürgen Borchert
Computer-Support und Wartung	Jürgen Borchert

Auf den Punkt gebracht: Basics, Tipps und Tricks

Die Beispiele haben Ihnen einen Eindruck davon vermittelt, wie schwierig es sein kann, tatsächlich alle Abläufe und Prozesse im eigenen Unternehmen zu erfassen und sinnvoll zu beschreiben. Zögern Sie nicht und setzen Sie Grafiken und Organigramme ein, um die Aufbau- und Ablauforganisation übersichtlich darzustellen.

Flussdiagramm

Ein geeignetes Instrument, um Arbeits- und Geschäftsabläufe darzustellen, ist das Flussdiagramm. Darin werden die einzelnen Prozessschritte aufgenommen und mit Pfeilen die Reihenfolge der Abläufe visualisiert. Rechtecke stehen für Tätigkeiten, Rauten für Entscheidungen. Von den Feldern mit Entscheidungen gehen mindestens zwei Pfeile ab. Der Prozess verläuft hier je nach Ergebnis der Entscheidung auf unterschiedliche Weise.
Ein Flussdiagramm für die Kontaktaufnahme mit Kunden könnte folgendermaßen aussehen:

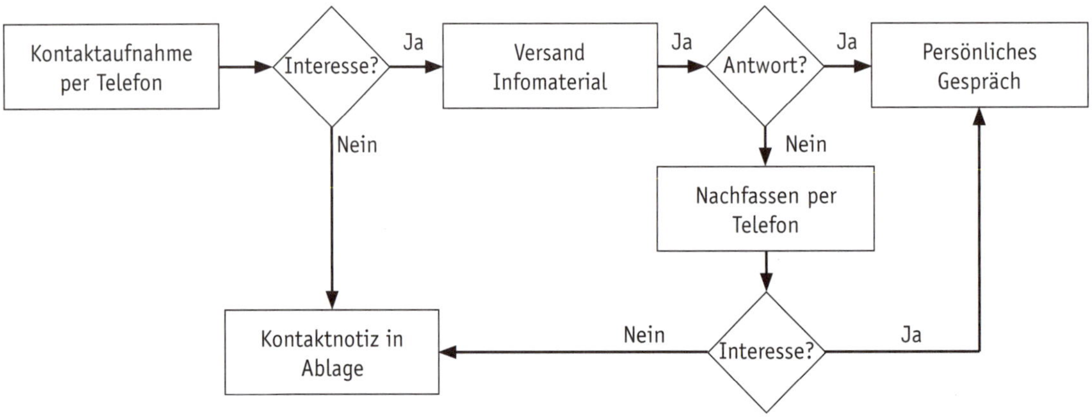

Wenn Sie sich beim Thema Organisation noch sehr unsicher fühlen, kann Ihnen diese Technik auch helfen, die Prozesse in Ihrem Unternehmen überhaupt erst zu entwickeln. Gehen Sie dann wie folgt vor: Schreiben Sie alle sich wiederholenden Einzeltätigkeiten, die Ihnen einfallen, auf kleine Karten oder Haftnotizzettel. Anschließend ordnen Sie diese den verschiedenen Hauptprozessen Ihres Unternehmens zu, zum Beispiel der Kundenakquise, der Produktion oder der Auftragsbearbeitung. Finden Sie eine Reihenfolge, in der die notierten Tätigkeiten ablaufen müssen. Ergänzen Sie weitere Kärtchen und sortieren Sie sie so lange, bis sich komplette Prozessflüsse ergeben.
Das Ergebnis dieser Vorgehensweise bezeichnet man auch als eine einfache Form eines Flussdiagramms. Derartige Grafiken können Sie durchaus auch in Ihren Businessplan aufnehmen. Denken Sie dann aber daran, die Abläufe auch im Text zu erläutern.

Gut zu wissen

Besonderheit bei Teamgründungen
Die im Businessplan beschriebene Organisationsstruktur und die Stellenbeschreibungen darin bilden bei Teamgründungen meistens auch die Grundlage für den Gesellschaftervertrag. Überlegen Sie sich deshalb sehr genau, wer welche Aufgaben übernimmt und wer mit welchen Kompetenzen ausgestattet wird.

Organigramm

Bei Unternehmen mit mehreren Mitarbeitern oder Abteilungen ist es sinnvoll, die Organisationsstruktur anhand eines Organigramms zu veranschaulichen. Dieses zeigt, welche Bereiche bestehen, wer in welchem arbeitet und wer wem unterstellt ist. Unser Beispiel zeigt, wie das Organigramm für die Gründung eines panasiatischen Restaurants (siehe Seite 42f.), aussehen könnte.

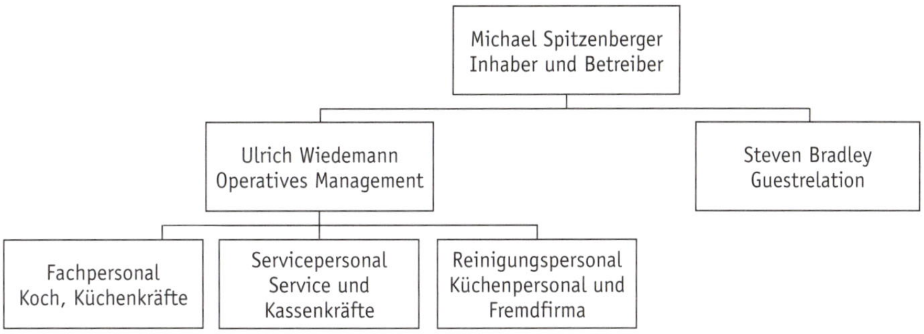

Stellenbeschreibung

Ein nützliches Instrument, um die Aufgaben in einem Unternehmen zu verteilen und Verantwortlichkeiten festzulegen, sind Stellenbeschreibungen. Sie werden jeweils für die einzelnen Arbeitsplätze erstellt und beschreiben in kurzer und knapper Form folgende Aspekte:

- Welche Kompetenzen sind mit einer Stelle verbunden?
- Welche Tätigkeiten sind zu erledigen?
- Was ist das Ziel der Tätigkeit?
- Wem ist der Stelleninhaber unterstellt?
- Wie viel Gehalt wird gezahlt?

Stellenbeschreibungen können auch Inhalt des Gesellschaftsvertrags sein und sollten deshalb sorgfältig und ganz in Ruhe erarbeitet werden.

Tipp

Wann lohnt sich Outsourcing?

Häufig stehen Unternehmer vor der Entscheidung, ob sie bestimmte geschäftliche Aktivitäten im eigenen Unternehmen durchführen oder von Lieferanten zukaufen sollen („Make-or-buy"-Entscheidung). Vor allem Routineaufgaben wie Buchhaltung und Personalabrechnung werden häufig nach außen vergeben. Aber auch Tätigkeiten, die im eigenen Unternehmen selten anfallen und gleichzeitig viel Know-how erfordern, eignen sich zur Auslagerung an einen externen Dienstleister.

Wenn Sie vor einer solchen Entscheidung stehen, überlegen Sie zunächst, wie viel Zeit Sie für die betreffende Tätigkeit brauchen, wenn Sie sie selbst erledigen. Schätzen Sie dann, wie viel Umsatz Sie erzielen könnten, wenn Sie diese Zeit für Akquise oder die Erbringung bezahlter Leistungen nutzen würden. Die entgangenen Erlöse werden als Alternativ- oder Opportunitätskosten bezeichnet. Stellen Sie diese nun den Kosten für den externen Dienstleister gegenüber. Berücksichtigen Sie auch, dass ein spezialisierter Dienstleister in der Regel effizienter und damit schneller arbeitet als Sie und dass Ihnen zum Beispiel ein Steuerberater durch seine Kenntnis der gesetzlichen Rahmenbedingungen helfen kann, an anderer Stelle Geld einzusparen.

13. So geht's weiter: Zukunftsperspektiven

Der Businessplan ist ein Dokument, das in die Zukunft weist. Er beruht auf Annahmen und persönlichen Einschätzungen. Um ein möglichst ausgewogenes Bild zu vermitteln, geht es nun darum darzulegen, unter welchen Umständen die tatsächliche Entwicklung Ihre Erwartungen übertrifft (Chancen) und welche möglichen Ereignisse Ihre Einschätzung gefährden (Risiken). Gehen Sie auch darauf ein, welche Maßnahmen Sie ergreifen wollen, um den Risiken entgegenzuwirken oder damit verbundene Auswirkungen zu bewältigen.

Wichtig ist, dass Sie bei der Darstellung der Chancen und Risiken möglichst objektiv und realistisch bleiben. Zu optimistische Pläne stimmen Prüfer skeptisch und führen womöglich dazu, dass Sie Zeit und Geld in eine Geschäftsidee investieren, die sich am Ende als nicht tragfähig erweist.

Legen Sie zum Abschluss dar, wie Sie sich die langfristige Entwicklung Ihres Geschäfts vorstellen. Hierzu gehört, wie Sie die Kundenzahl und den Umsatz pro Kunden erhöhen möchten. Weitere Themen, die in diesem Zusammenhang angesprochen werden sollten, sind der Eintritt in neue Märkte, der Launch neuer Produkte, das Eingehen von Partnerschaften, der Umzug in andere Räumlichkeiten, das Einstellen von Mitarbeitern sowie das Ergreifen besonderer Marketingmaßnahmen.

Ein weiteres sinnvolles Element in diesem Kapitel könnte die langfristige Vision für Ihr Unternehmen sein, wenn es Ihnen gelingt, sie in einem oder zwei Sätzen auszudrücken.

Leitfragen

- **Welche Faktoren können dazu führen, dass sich Ihr Geschäft besser als geplant entwickelt?**
- **Welche Risiken bestehen?**
- **Wie reagieren Sie, wenn die beschriebenen Risiken eintreten?**
- **Wie wollen Sie die Zahl der Kunden weiter erhöhen?**
- **Wie werden Sie den Umsatz pro Kunde erhöhen?**
- **Welche zusätzlichen Geschäftsaktivitäten können Sie sich in Zukunft vorstellen?**
- **Wie lautet Ihre Unternehmensvision?**

Beispiel: Software-Entwicklung mit DHTML

Geschäftsmodell

Das Unternehmen EDGE von Daniel Schulz befasst sich mit der Entwicklung und dem Verkauf von Dynamic-HTML-Komponenten (DHTML). Diese weisen gegenüber dem im Internet gängigen HTML-Standard einen deutlich erweiterten Funktionsumfang auf.

10. Zukunftsperspektiven

10.1 Risikoanalyse

Die im Folgenden beschriebenen primären Risiken erfordern [1] eine flexible strategische Planung. Es werden deutlich weniger DHTML-Komponenten verkauft als ursprünglich geplant. Diesem Problem kann durch eine Erhöhung der Akquise und durch Marketingaktivitäten entgegengewirkt [2] werden. Man würde einen größeren Zeitanteil darauf verwenden, mit potenziellen Kunden in Kontakt zu treten, die Marketingmaterialien wie Broschüren, Internetseite und Präsentationen überarbeiten und ein Verkaufstraining absolvieren. Strategisch kann man dem Risiko begegnen, indem der Fokus noch stärker auf Dienstleistungen gelegt wird. Beratungsleistungen, die über DHTML oder den Einsatz der Komponente hinausgehen, wie zum Beispiel zum Einsatz von Web-Services oder barrierefreien Internettechnologien, wären denkbar.
Es wird weniger Service in Anspruch genommen als erwartet. In diesem Fall kann das Angebot der Dienstleistungen beschränkt werden, zum Beispiel auf Telefonsupport. Zusätzlich könnten die Komponenten so umgebaut werden, dass sie allgemeiner einsetzbar sind, Kundenanpassungen würden nur noch marginal angeboten werden.
Die Nachfrage nach DHTML-Komponenten und den Serviceleistungen ist so hoch, dass diese nicht erfüllt werden kann. In dieser Situation verstärkt man personell den Bereich der Serviceleistungen durch freie Mitarbeiter, sodass die Entwicklung kontinuierlich fortgesetzt werden kann. Reicht dies nicht aus, kann auch darüber nachgedacht werden, den ganzen Servicebereich in eine andere Firma auszulagern.

10.2 Zukunftsaussichten

Im Verlauf des ersten Geschäftsjahres [3] sollen einige wenige, vielfältig einsetzbare DHTML-Komponenten entwickelt und vertrieben werden. Der Fokus liegt in dieser Zeit darauf, am Markt wahrgenommen zu werden, einen ersten Kundenkreis aufzubauen und einige imagebildende Referenzprojekte durchzuführen.
Das zweite Geschäftsjahr dient dem Aufbau weiterer DHTML-Komponenten und der massiven Akquise neuer Kunden. Ich gehe davon aus, zum Ende des zweiten Geschäftsjahres eine gefestigte Marktposition zu haben und einen Überschuss zu erwirtschaften. In dieser Situation binde ich freie Mitarbeiter bei der Realisierung der Serviceleistungen ein.
Das Preisniveau für Komponenten und Serviceleistungen soll kontinuierlich im Neukundengeschäft angehoben werden.
Im dritten Jahr wird der bestehende Katalog von DHTML-Komponenten überarbeitet und den dann aktuellen Anforderungen angepasst. Unternehmerisch sind die Umwandlung des Einzelunternehmens in eine abgesicherte [4] Unternehmensform und der Bezug neuer Geschäftsräume geplant.

Unser Feedback

1 **Chancen nicht beschrieben**

Herr Schulz geht lediglich auf die Risiken seines Vorhabens ein und vernachlässigt dabei die Darstellung der Chancen.

2 **Klarer Aufbau**

In jedem Absatz nennt Herr Schulz zuerst das Risiko und erläutert dann, wie er im Einzelnen darauf reagieren würde. Dadurch entsteht eine klare Struktur, in die sich der Leser leicht hineindenken kann. Ergänzen sollte Herr Schulz noch Ausführungen zu den möglichen Ursachen der Risiken. Werden weniger DHTML-Komponenten verkauft als angenommen, könnte das zum einen daran liegen, dass die Technologie vom Markt nicht angenommen wird. Zum anderen wäre es möglich, dass sich der Gründer nicht gegen den Wettbewerb durchsetzen kann. Welche Maßnahme dann jeweils sinnvoll ist, hängt davon ab, was die nicht erwartungsgemäße Entwicklung ausgelöst hat.

3 **Gute Gliederung**

Auch bei den Zukunftsperspektiven fällt dem Leser die Orientierung im Text leicht. Die Strukturierung nach Geschäftsjahren bietet sich in diesem Fall an. Herr Schulz beschreibt im angemessenen Detaillierungsgrad seine wichtigsten Meilensteine.

4 **Fachbegriffe korrekt verwenden**

Es bleibt unklar, was Herr Schulz mit einer „abgesicherten Unternehmensform" meint. Vermutlich denkt er an die Gründung einer Kapitalgesellschaft mit beschränkter Haftung (GmbH oder Limited). Fachbegriffe sollten stets präzise eingesetzt und korrekt verwendet werden, um Missverständnisse auszuschließen.

Fazit

Das Beispiel zeichnet sich durch seine klare Struktur aus. Allerdings sollte Herr Schulz noch die Chancen seines Unternehmens darstellen und auch die Ursachen der Risiken detaillierter beschreiben.

Beispiel: Cross-Cultural-Coaching mit Schwerpunkt Osteuropa

Geschäftsmodell
Marco Kranjc bietet Training und Coaching für Mitarbeiter und Führungskräfte an, die vor Einsätzen im oder Dienstreisen ins Ausland stehen. Sein Schwerpunkt liegt auf dem osteuropäischen Raum.

10. Zukunftsperspektiven

10.1 Chancen

Auch für Deutschland als „Exportweltmeister" wird es wichtig bleiben, andere Kulturen zu verstehen. [1] Eine persönliche Chance sehe ich in meinen kulturellen Kenntnissen im osteuropäischen Raum, denn dieses Gebiet wird in der Zukunft weiter an wirtschaftlicher Bedeutung gewinnen. Allerdings ist das allgemeine Wissen über Geschäft und Kultur dieser Länder sehr gering, sodass sich hier Chancen für mein Unternehmen bieten.
Wirtschaftlich unsichere Zeiten eröffnen gerade für das Coaching gute Perspektiven: Immer mehr Menschen wünschen sich bei ihren privaten und beruflichen Entscheidungen kompetente Beratung und Unterstützung. Coaching bedeutet Hilfe dabei, mehr Zeit für das Wesentliche zu finden und ureigene Ziele zu entdecken.

10.2 Risiken

Coaching und Training unterliegen dem Problem, dass Firmen zuerst im Bereich der „Softskills" sparen, wenn sie ihre Kosten senken wollen. [2] Diesem Risiko möchte ich entgegenwirken, indem ich den konkreten Nutzen der interkulturellen Zusammenarbeit beim Marketing und im Verkaufsgespräch überzeugend vermittle.
Ein weiteres Risiko liegt in der geringen Marktbekanntheit meiner Person und meinen wenigen Kundenkontakten. Diesem Risiko will ich [3] durch effizientes und gezieltes Marketing begegnen (siehe oben). Grundsätzlich ist hier auch der Aufbau eines funktionierenden Netzwerks sowohl in Bezug auf Kunden als auch auf Kooperationspartner wesentlich.

10.3 Weitere Entwicklung

10.3.1 Erhöhung von Kundenzahlen

Neue Kunden will ich mithilfe von Referenzen [4] und Empfehlungen durch mein persönliches Netzwerk generieren. Darüber hinaus werde ich immer wieder Mailingaktionen und Anzeigen einsetzen.

10.3.2 Erhöhung des Umsatzes

Die Erhöhung des Umsatzes soll durch den Ausbau von Onlinekursen, bei denen ja keine Reisekosten anfallen, erreicht werden. Ist die Entwicklung der Onlineseminare einmal abgeschlossen, kann die Teilnehmerzahl gesteigert werden, da mehr Zeit für Akquise und Betreuung der Teilnehmer bleibt.

Unser Feedback

1 Chancen zu allgemein formuliert

Die Ausführungen zu den Chancen wirken eher wie Ergänzungen zum Thema „Kundennutzen" oder „Markt". An dieser Stelle geht es aber darum, mögliche Ereignisse darzustellen, die die Geschäftsentwicklung überplanmäßig beeinflussen. Genannt werden könnte hier zum Beispiel eine starke Intensivierung der wirtschaftlichen Beziehungen Deutschlands zu Osteuropa oder die erfolgreiche Akquise von Groß- und Stammkunden.

2 Nachvollziehbare Ursachen

Die Beschreibung der Folgen eventueller Kostensenkungsmaßnahmen aufseiten der Kundenunternehmen ist nachvollziehbar. Herr Kranjc weist hier auf ein zentrales Risiko hin, das zu einem Umsatzrückgang führen kann.

3 Schwächen und Risiken nicht verwechseln

Strenggenommen beschreibt Herr Kranjc hier kein Risiko, sondern einen Wettbewerbsnachteil. Aus dieser Schwäche ergeben sich allerdings Risiken, zum Beispiel eine verzögerte Marktdurchdringung oder die Bevorzugung der Wettbewerber. Eine SWOT-Analyse (siehe Seite 138f.) macht diese Zusammenhänge deutlich.

4 Weiterer Fokus?

Die Angaben zur künftigen Entwicklung sind unkonkret und auf wenige Aspekte beschränkt. Zur Erhöhung der Kundenzahl beispielsweise wären weitere Maßnahmen denkbar: Erweiterung des Aktionsradius, Ausweitung von Kooperationen, Anstellung zusätzlicher Mitarbeiter, Verstärken der Marketingaktivitäten. Die Erhöhung des Umsatzes gelingt meist, indem die Preise erhöht werden. Eine Aussage, ob die Onlineseminare dazu beitragen, fehlt. Seine Vorhaben für die Zukunft könnte er sinnvoll anhand eines Zeitplans darstellen.

Fazit

Herr Kranjc hat seine Zukunftsperspektiven gut strukturiert und erwähnt die wesentlichsten Punkte. An einigen Stellen sind allerdings weitere Details notwendig, um die mögliche Geschäftsentwicklung seiner Gründung beurteilen zu können.

Beispiel: Full-Service-Provider im Personalbereich

Geschäftsmodell

Die Kopp & Mohn Personalmanagement bietet Firmen an, die Aufgaben der Personalabteilung ganz oder teilweise zu übernehmen (Outsourcing). Das Angebot wird durch gezielte Beratung und Projektmanagement für die Unternehmens- und Personalleitung ergänzt.

10. Zukunftsperspektiven

Die Vertriebs- und Marketingziele von Kopp & Mohn Personalmanagement sind in kurz-, mittel- und langfristige Ziele gegliedert.

10.1 Kurzfristige Ziele (1–2 Jahre)

In der Eröffnungs-/Markteinführungsphase, das heißt in den ersten ein bis zwei Jahren, möchte sich Kopp & Mohn Personalmanagement als qualitativ hochwertig 1 und „preiswert" empfundener Anbieter von Personalmanagementleistungen im Münchener Großraum und Oberbayern einführen, der zur Wertschöpfung der Kunden messbar beiträgt. Die Ziele sind daher:

- Kundenzufriedenheit (Score-Card-System): > 80 Prozent
- Identifizierte Kundenkosteneinsparungen: ca. 25 Prozent
- Marktanteil: ca. 1 Prozent 2
- Umsatz: ca. 300.000 Euro
- Gesamtergebnis/Profitabilität: kostendeckend („schwarze Null")

10.2 Mittelfristige Ziele (2–4 Jahre)

In den ersten Jahren möchte Kopp & Mohn Personalmanagement vor allem einen profitablen Wachstumskurs fahren, das heißt kontinuierlicher Gewinn von Kunden/Marktanteil bei gleichzeitig steigender Profitabilität durch vorsichtige Preisanpassung bei Neukunden und kontrolliertem Kostenmanagement. Der Fokus liegt dabei auch auf dem Ausbau von Stammkunden (also Kunden, die langfristige und/oder kontinuierlich Aufträge geben). Die Ziele sind daher:

- Kundenzufriedenheit (Score-Card-System): > 90 Prozent 3
- Identifizierte Kundenkosteneinsparungen: ca. 30 Prozent
- Marktanteil: ca. 3 Prozent
- Umsatz: ca. 800.000 Euro
- Gesamtergebnis/Profitabilität: ca. 25 Prozent

10.3 Langfristige Ziele (> 4 Jahre)

Langfristig möchte Kopp & Mohn Personalmanagement diesen Kurs weiterverfolgen, das heißt kontinuierlicher Anstieg des Marktanteils bei steigender Profitabilität durch vorsichtige Preisanpassung bei Neukunden und kontrolliertes Kostenmanagement. Zudem ist eine Erweiterung des Markts auf weitere Standorte wie Stuttgart oder Frankfurt geplant. Die Ziele sind daher:

- Kundenzufriedenheit (Score-Card-System): > 95 Prozent
- Identifizierte Kundenkosteneinsparungen: > 30 Prozent
- Marktanteil : > 5 Prozent im Bestandsmarkt, 1 bis 3 Prozent in neuen Märkten
- Umsatz: ca. 1.500.000 Euro
- Gesamtergebnis/Profitabilität: ca. 30 Prozent

Unser Feedback

1 **Griffige Statements**

Die Verfasser bringen ihre Ziele für die einzelnen Zeithorizonte kurz und aussagekräftig auf den Punkt. Der Leser versteht sofort, welche Positionierung und Marktstellung das neue Unternehmen in den jeweiligen Zeiträumen erreichen möchte. So entsteht ein sehr plastisches Bild der Zukunftsperspektiven.

2 **Messbare Zielgrößen**

Die Gründer belassen es nicht bei qualitativen Aussagen über die Unternehmensentwicklung. Sie geben vielmehr einige quantitative, objektive Zielwerte an, an denen sich ihr Unternehmenserfolg messen lässt. Interessant wäre noch zu wissen, zu welchem Zeitpunkt die Ziele genau erreicht werden sollen. Nur dann sind sie tatsächlich dazu geeignet, die Unternehmensentwicklung regelmäßig zu überprüfen.

3 **Verschiedene Dimensionen wählen**

Die Kennzahlen sind besonders wertvoll, wenn sie unterschiedliche Dimensionen des Unternehmenserfolgs abdecken. Das ist Herrn Kopp und Frau Mohn gut gelungen: Die ersten beiden Zielwerte setzen sich mit dem subjektiven und objektiven Nutzen ihrer Dienstleistung für die Kunden auseinander, der dritte mit ihrer Stellung am Markt, der vierte mit dem Umsatz und der letzte mit der Profitabilität – also damit, wie viel Gewinn vom Umsatz übrigbleibt.

Fazit

Die Gründer haben es geschafft, dem Leser ihre Vorstellungen von der Entwicklung ihres Unternehmens sehr greifbar zu vermitteln. Und das nicht nur auf der qualitativen Ebene: Die messbaren Ziele erlauben es, den Unternehmenserfolg auch an „harten" Faktoren festzumachen. Genaue Zeitangaben, wann die jeweiligen Ziele erreicht sein sollen, würden dieses positive Bild abrunden.

Tipp

Seien Sie bei der Wahl Ihrer Kriterien ganz individuell

Erfolg bedeutet für jeden Gründer etwas anderes. Das hängt nicht nur mit der Branche und dem Geschäftsmodell zusammen, sondern auch mit Ihren persönlichen Zielen und Erwartungen. Es ist durchaus legitim, wenn Ihr Ziel lautet, nach zwei Jahren eine zeitaufwendige Fortbildung zu besuchen oder unter der Woche regelmäßig einen Tag für Ihre Familie zu haben. Setzen Sie sich im Rahmen des Businessplans ehrlich damit auseinander, was Sie mit Ihrer Gründung zu welchem Zeitpunkt erreichen wollen.

Auf den Punkt gebracht: Basics, Tipps und Tricks

Insbesondere Banken legen großen Wert darauf, dass Sie als Gründer Ihre eigenen Schwächen erkennen und sachlich mit Gefahren umgehen. Denn nur so können Sie sich für den Fall wappnen, dass die Entwicklung nicht so günstig verläuft, wie Sie es sich vorgestellt haben. Die im Folgenden dargestellten Instrumente helfen Ihnen dabei, die Chancen und Risiken ausgewogen und realistisch darzustellen.

SWOT-Analyse

Die Abkürzung „SWOT" steht für die englischen Wörter „strengths" (Stärken), „weaknesses" (Schwächen), „opportunities" (Chancen) und „threats" (Risiken). Eine SWOT-Analyse ist ein Management-Werkzeug, bei dem sowohl die unternehmensbezogenen Stärken und Schwächen als auch die kaum beeinflussbaren Chancen und Risiken analysiert und bewertet werden.

Positiv	Negativ
Stärken (Strengths)	***Schwächen*** (Weaknesses)
Chancen (Opportunities)	***Risiken*** (Threats)

Die Stärken und Schwächen können sich auf die verschiedensten Bereiche des Unternehmens beziehen, zum Beispiel auf die Finanzlage (Liquidität, Eigenkapitalbasis), das Personal (Qualifikation, Engagement), die Produkte (Preis-Leistungs-Verhältnis, Qualität, Innovationskraft), den Service (Niveau, Qualität) oder das Marketing (Bekanntheit, Reputation, Werbebudget). Bei der Chancen-Risiken-Analyse werden hingegen mögliche Veränderungen von außen betrachtet, die die im Businessplan beschriebene Entwicklung fördern oder bremsen können. Überlegen Sie hierzu, welche Geschehnisse oder Tendenzen sich positiv oder negativ auf Ihr Unternehmen auswirken könnten, zum Beispiel Veränderungen der Kundenwünsche, des Markts, der gesetzlichen Rahmenbedingungen oder der Konkurrenzsituation.
Für das italienische Mittagsrestaurant, das Sie als Beispiel auf Seite 70f. finden, sieht die SWOT-Analyse folgendermaßen aus:

Stärken • Einziger Italiener am Platz • Schnelle Essensausgabe • Einzigartiges Preis-Leistungs-Verhältnis • Großes Platzangebot	***Schwächen*** • Mittags nur teilweise Sonne auf Terrasse • Erste Restauranteröffnung des Managements
Chancen • Personal kostet weniger als erwartet • Neue Firmen ziehen hinzu • Weitere Wettbewerber ziehen weg • Höhere Gästezahlen als erwartet • Lieferservice setzt sich durch • Öffnungszeiten werden erweitert • Höhere Getränkepreise	***Risiken*** • Ausfall von Schlüsselpersonen • Mehr Personalbedarf als erwartet • Probleme mit Lieferanten • Einkaufspreis zu niedrig angesetzt • Weitere Firmen ziehen weg • Neue Wettbewerber ziehen hinzu • Geschäftsmodell setzt sich nicht durch • Geschäftsmodell wird kopiert • Andere Konsummuster als erwartet

Im Idealfall ergänzen Sie Stärken und Chancen um unterstützende Maßnahmen (das „einzigartige Preis-Leistungs-Verhältnis" kann zum Beispiel durch „Betonung in der Werbung" unterstrichen werden) sowie Schwächen und Risiken um gegensteuernde Maßnahmen (die durch den „Ausfall von Schlüsselpersonen" entstehenden Schwierigkeiten lassen sich beispielsweise durch eine „klare Vertretungsregelung" verhindern).

Umsatzsteigerung durch Cross- und Up-Selling

Ein wichtiger Aspekt im Kapitel „Zukunftsperspektiven" sind Ihre Vorstellungen, wie sich Ihr Geschäft langfristig entwickeln wird. Relevant ist hier vor allem, wie Sie Ihren Umsatz in Zukunft steigern wollen. Dies lässt sich zum einen durch mehr Kunden, zum anderen durch einen höheren Umsatz pro Kunde erreichen. Den Umsatz pro Kunde verbessern Sie, indem Sie allen Abnehmern zusätzliche Produkte und Dienstleistungen aus Ihrem Sortiment anbieten („Cross-Selling") oder ihnen eine bessere und gleichzeitig profitablere Variante der Leistung („Up-Selling") verkaufen. Welcher Entwicklungspfad für Sie attraktiver ist, hängt von Ihrer Tätigkeit und dem Aufwand für die Akquise ab. Wenn Neukunden sehr schwierig zu gewinnen sind, werden Sie eher Cross- und Up-Selling bei Ihren bestehenden Kunden betreiben.

Vision und Mission: „Ohne Ziel ist jeder Weg zu weit"

In Form von Visionen und Missionen werden Ziele und Marschrouten für die langfristige Entwicklung von Unternehmen festgelegt. Die Vision drückt aus, wofür ein Unternehmen heute steht und welche Marktstellung in fünf bis zehn Jahren erreicht sein soll. Den Weg zum Ziel beschreibt die Mission.

Wenn Sie eine Vision für Ihr Unternehmen formulieren, achten Sie darauf, dass sie knapp, klar, ausdrucksstark und möglichst mitreißend formuliert ist. Da sie verhältnismäßig weit in die Zukunft reicht, muss sie mehr sein als nur die Zusammenfassung der wichtigsten Unternehmensziele. Sie dient letztendlich dazu, alle Beteiligten anzuspornen, immer noch ein bisschen besser zu werden. Hingegen wird die Mission ganz konkret formuliert. Somit wird klar, was genau zu tun ist und welche erreichbaren Schritte vorgegeben werden. Wie das aussehen kann, zeigt das Beispiel von gruendungszuschuss.de:

Vision

„Für geförderte Gründer in Deutschland ist gruendungszuschuss.de die glaubwürdigste und relevanteste Informationsquelle und ein kompetenter Begleiter durch die ersten Jahre der Selbständigkeit."

Mission

- Von Gründern für Gründer: Wir sind glaubwürdig, denn wir sprechen aus eigener unternehmerischer Erfahrung und sind unabhängig von Arbeitsagenturen, Fördermitteln etc.
- Unsere Zielgruppe ist die große Zahl der Kleinunternehmer, insbesondere im Dienstleistungsbereich. Wir konzentrieren uns auf die Informationen, die diese Zielgruppe wirklich benötigt.
- Wir überschütten nicht mit Fakten- und Detailwissen, sondern motivieren, nehmen Ängste und zeigen Schritt für Schritt den Weg von der Theorie zum praktischen Nutzen.
- Egal, wie groß die Zahl unserer Kunden ist, wir nehmen die Fragen und Bedürfnisse unserer Kunden ernst und treten mit jedem Kunden in einen individuellen Dialog.
- Unser Angebot ist authentisch: Hinter gruendungszuschuss.de stehen Menschen mit ihrem individuellen Erfahrungsschatz, den sie bereitwillig teilen und erlebbar machen.

II. Der Zahlenteil Ihres Businessplans

Den zweiten großen Abschnitt des Businessplans bildet der Zahlenteil. Hier stellen Sie in Form von Zahlen dar, was Sie im Textteil mit Worten beschrieben haben. Die Finanzplanung gibt Aufschluss darüber, ob das geplante Vorhaben auch wirtschaftlich zum Erfolg wird.

Beim Verfassen des Zahlenteils wird möglicherweise sichtbar, dass einige Geschäftsbereiche deutlich mehr abwerfen werden oder weniger profitabel sind, als Sie zunächst vermutet haben. Lassen Sie sich davon auf keinen Fall entmutigen oder verunsichern. Denken Sie daran, die neuen Erkenntnisse auch in den Textteil einzuarbeiten. Nur so wird aus Ihrem Unternehmenskonzept ein stimmiges Ganzes, das den Leser überzeugen wird.

1. Grundregeln: So kalkulieren Sie richtig

Nicht nur für den Textteil, sondern auch für den Zahlenteil gilt: Die Inhalte müssen für den Leser nachvollziehbar und aussagekräftig sein, wenn Sie Ihr Geschäftsvorhaben überzeugend präsentieren wollen. Nehmen Sie sich ausreichend Zeit für Ihre Recherchen. Die Ziellinie ist dann erreicht, wenn Sie jede Angabe – auch vor sich selbst – glaubwürdig und sicher begründen können.

Nachvollziehbarkeit

Schon beim Textteil standen Sie vor der Herausforderung, ein Vorhaben zu beschreiben, das größtenteils in der Zukunft liegt. Viele Gründer finden es noch schwieriger, die Entwicklung zusätzlich in Zahlen abzubilden. Manch einer denkt sogar, er bräuchte eine Kristallkugel, um die Erfolgsaussichten abschätzen zu können.
Denken Sie nicht zu lange über mögliche Schwierigkeiten nach, sondern fangen Sie lieber so bald wie möglich an: Machen Sie sich bewusst, dass es sich beim Zahlenteil um eine Planung handelt. Auch der Leser weiß, dass niemand die Zukunft voraussagen kann. Umso wichtiger ist es, dass Sie die Annahmen, auf denen Ihre Planung beruht, gut dokumentieren und Rechenwege nachvollziehbar darstellen. Auf diese Weise ermöglichen Sie es dem Leser, die Herkunft jedes einzelnen Planwerts zu verstehen. Wenn Sie so vorgehen, werden Sie am Ende ein Zahlenwerk erstellt haben, das in sich stimmig und plausibel ist.

Planungshorizont

Den Prüfer interessiert vor allem, wann sich Ihren Prognosen nach regelmäßige Umsätze einstellen und wie schnell Ihr Geschäft die Gewinnschwelle überschreitet („Break-even", siehe Seite 147). Es kann – abhängig vom Geschäftsmodell – unterschiedlich lange dauern, bis dies erreicht ist. Der Zeitrahmen Ihrer Planung sollte auf jeden Fall so weit reichen, dass sichtbar wird, ab wann Sie von Ihrem Business leben können. Gründungen im Dienstleistungsbereich sind meist schon im zweiten Jahr tragfähig, daher reicht ein Planungshorizont von drei Jahren aus. Bei größeren Projekten mit einem hohen finanziellen Aufwand ist ein Zeitraum von vier oder fünf Jahren sinnvoll, da sich nur dann aufzeigen lässt, wie sich die Investitionen nach und nach amortisieren.

Stimmigkeit

Denken Sie daran, jede noch so kleine Änderung immer sowohl in den Textteil als auch in den Zahlenteil einzubauen. Es verwirrt den Leser und spricht nicht gerade für die Sorgfalt des Verfassers, wenn die Angaben im Text- und im Zahlenteil nicht übereinstimmen oder sich sogar widersprechen. Doch das passiert schneller als gedacht, denn es dauert seine Zeit, bis ein Businessplan fertiggestellt ist. Im Lauf dieses Prozesses ergeben sich ständig Veränderungen, zum Beispiel beim Gründungsdatum, hinsichtlich der Räumlichkeiten, oder es entsteht eine neue Kooperation. Bleiben Sie daher achtsam und konzentriert.

Belastbares Material

Füllen Sie den Zahlenteil nicht aus dem Bauch heraus aus. Auch wenn es sich um eine unverbindliche Planung handelt, sollten Sie die einzelnen Werte genau recherchieren. Denn nur so sorgen Sie dafür, dass Ihr Businessplan den Prüfer überzeugt – und schützen sich vor unerfreulichen Überraschungen in der Zukunft. Beschaffen Sie sich für größere Anschaffungen Kostenvoranschläge von mehreren Anbietern und nennen Sie diese im Zahlenteil als Quelle.

Verhältnismäßigkeit

Achten Sie bei allen Ausgaben, die Sie bei Ihrer Planung einbeziehen, darauf, dass sie in einem sinnvollen Verhältnis zum erwarteten Nutzen stehen. Auch wenn die Versuchung besteht, sich in große Investitionen zu stürzen, und einige Menschen damit tatsächlich sehr erfolgreich waren – machen Sie sich bewusst, dass damit erhebliche Risiken verbunden sind. Viele Gründer schätzen das eigene Produkt, dessen Marktakzeptanz und die Wirkung von Marketingmaßnahmen zunächst viel zu optimistisch ein. Erst nach den ersten Gehversuchen merken sie, was ihre Kunden wirklich wollen, und müssen ihre Geschäftsausrichtung entsprechend abwandeln.

Umso ärgerlicher ist es, wenn ein großer Teil des verfügbaren Kapitals schon in die ersten Investitionen geflossen ist, die sich dann vielleicht als wenig sinnvoll erweisen. Beschränken Sie sich daher auf solche Ausgaben, die für Ihre ersten Schritte wirklich notwendig sind, bis Sie besser einschätzen können, in welche Richtung sich Ihr Geschäft entwickeln wird.

Authentizität

Die meisten Gründer schreiben ihren Businessplan für bestimmte Adressaten – die Arbeitsagentur, die Bank oder vielleicht auch für die Jury bei einem Businessplan-Wettbewerb. An wen genau richten Sie Ihren Plan? Gehen Sie unbedingt auf den jeweiligen Leser ein, indem Sie ihm alle Zusammenhänge so darbieten, dass er als Außenstehender sie leicht nachvollziehen kann. Lassen Sie sich aber auf keinen Fall dazu verleiten, Ihren Zahlenteil mit Daten zu füllen, von denen Sie annehmen, dass der Empfänger sie gerne lesen würde. Schließlich schreiben Sie Ihren Businessplan in erster Linie für sich selbst. Er soll Ihnen als Entscheidungsgrundlage dafür dienen, ob es sich lohnt, viel Zeit und Geld in Ihre Geschäftsidee zu investieren. Mit jeder Manipulation führen Sie sich selbst in die Irre. Nur wenn Sie Ihren Businessplan auf Basis Ihrer eigenen Überzeugungen und gut recherchierter Informationen erstellt haben, können Sie Ihr Gründungsvorhaben realistisch einschätzen.

2. Annahmen begründen: Erläuterungen zu den Planzahlen

In diesem Kapitel stellen Sie dar, wie Sie Ihre Planzahlen erarbeitet haben. Wenn Sie Werte unkommentiert lassen, kann der Leser Ihr Vorhaben nicht abschließend bewerten. In diesem Fall wird er darüber spekulieren, wie Sie Ihre Zahlen ermittelt haben, damit sind Missverständnisse unumgänglich.

Nur wenn Ihre Annahmen nachvollziehbar sind, ist es möglich, Ihre Planung zu analysieren. Der Leser hat damit eine Grundlage, um Ihre Schlussfolgerungen zu verstehen. Wenn er über einen Aspekt anderer Meinung ist, kann er mit Ihnen direkt in die Diskussion einsteigen, da die Fakten klar auf dem Tisch liegen. Auf diese Weise stellt sich schnell heraus, welche Teile Ihrer Planung unstrittig sind – und welche Annahmen Sie eventuell noch einmal überdenken sollten.

Wir empfehlen Ihnen, dieses Kapitel zu schreiben, während Sie an der Finanzplanung arbeiten. So können Sie sicherstellen, dass Sie alle wichtigen Hintergrundinformationen tatsächlich dokumentieren.

Leitfragen

- **Was sind Ihre größten Investitionen? Wozu benötigen Sie sie?**
- **Was wären denkbare Alternativen? Warum haben Sie sich nicht für diese entschieden?**
- **Welche Anschaffungen tätigen Sie neu, was ist bereits vorhanden?**
- **Mit welchen laufenden Kosten rechnen Sie? Was sind die größten Posten? Warum sind sie in diesem Umfang erforderlich?**
- **Wie viel müssen Sie verdienen, um Ihre Lebenshaltungskosten und übrigen Ausgaben zu decken?**
- **Welche Annahmen liegen Ihrer Umsatzplanung zugrunde?**
- **Wie entwickelt sich Ihr Geschäft nach der Startphase und warum?**
- **Ist Ihre Liquidität zu jedem Zeitpunkt gesichert?**
- **Wie hoch ist Ihr Liquiditätsminimum?**
- **Aus welchen Quellen stammt Ihr Startkapital? Zu welchen Konditionen haben Sie Fremdkapital erhalten?**

Beispiel: Designbüro

Geschäftsmodell

Frank Schulte gründet als freiberuflicher Grafikdesigner das Designbüro „Neues Gestalten". Er bietet Dienstleistungen im Bereich Konzeption, Grafikdesign, Corporate Design, Websites und Illustration an.

11. Erläuterung der Planzahlen

Meine Umsatzplanung basiert auf einer Grundlage von 20 Werktagen im Monat. Dabei werden für Akquise-Aktivitäten anfänglich neun Tage, für Weiterbildung/Verwaltung fünf Tage und ein Krankheitstag als Puffer mit eingerechnet. Ich gehe von einem durchschnittlichen Stundensatz von 60 Euro netto aus, was bei sechs Stunden am Tag effektiver Arbeitszeit [1] (Restzeit ist Organisation, Telefonate etc.) einen Tagessatz von 360 Euro ergibt. Daher werde ich anfänglich im Juli und August Defizite erwirtschaften.

Der Aufwand für Akquise wird bis zum Jahresende auf vier Tage und der für Weiterbildung/Verwaltung auf drei Tage reduziert. Ein Tag Krankheitspuffer pro Monat wird zur Sicherheit beibehalten. Mein Tagessatz steigt dabei auf 400 Euro pro Tag, da sich der Organisationsaufwand pro Tag etwas verringert.

So wird von September bis November [2] ein positives Ergebnis erzielt. Aufgrund von jeweils drei geplanten Urlaubstagen im Dezember und Januar ergibt sich eine zweimonatige negative Entwicklung. Diese wird aber bis zum Mai 2008 durch eine stark ansteigende positive Bilanz abgelöst.

Da ich als Grafikdesigner auf ein professionelles Computersystem und Software als Arbeitsmittel angewiesen bin, ergibt sich anfänglich eine größere Investitionssumme [3]. Diese beläuft sich inklusive Büroneuausstattung und grundsätzlichen Investitionen (DSL, Geschäftsausstattung etc.) auf eine Summe von 8.490 Euro.

Diese Investitionen sind durch meine Einlage in Höhe von 15.000 Euro abgedeckt, die aus Eigenkapital aufgebracht wird.

Unser Feedback

1 **Zusammensetzung der Umsätze**

Herr Schulte erläutert sehr nachvollziehbar, wie sein Tagessatz und seine Auslastungsplanung zustande kommen. Das ist von großer Bedeutung, da es hier gerade bei Dienstleistern verschiedene Wege der Berechnung gibt. Der Gründer legt unmissverständlich dar, welche Vorgehensweise er für seinen Businessplan gewählt hat.

2 **Gründe für Anomalie**

Die Erträge von Herrn Schulte gehen um die Jahreswende deutlich zurück. Hätte er die Gründe nicht dargestellt, würde eine solche Entwicklung beim Leser Fragen aufwerfen. Herr Schulte vermeidet dies, indem er seinen Weihnachtsurlaub als Ursache für den Rückgang anführt.

3 **Knappe Erläuterungen**

Nach der sehr ausführlichen Erklärung seiner Umsätze kommt die Darstellung der Investitionen etwas zu kurz. Zu den laufenden Kosten und der Entwicklung nach der Startphase finden sich gar keine Informationen.

Fazit

Herr Schulte hat die wichtigsten Grundlagen seiner Planzahlen und die Entwicklung des Unternehmensergebnisses erläutert. Was jedoch fehlt, ist die Planung für die Folgejahre, die ebenfalls auf Annahmen beruht. Detailliertere Angaben zu den Ausgaben würden die Darstellung abrunden.

Tipp

Wann ist der Break-even erreicht?

Mit dem Begriff „Break-even" wird das Überschreiten bestimmter rechnerischer Schwellen bezeichnet, zum Beispiel:

- **Der monatliche Umsatz übersteigt die monatlichen Kosten: Das Unternehmen macht Gewinn.**
- **Die monatlichen Umsätze übersteigen die monatlichen Kosten plus Unternehmerlohn: Das Unternehmen sichert den Unterhalt des Gründers. Man spricht dann vom Erreichen der Tragfähigkeit.**
- **Die Liquidität überschreitet die Summe des Fremdkapitals: Das Unternehmen ist schuldenfrei (zumindest rechnerisch wäre es imstande, seine gesamten Schulden zurückzuzahlen).**
- **Die Liquidität überschreitet die Summe der Einlagen: Das Unternehmen hat seine Anlaufkosten einschließlich des laufenden Unternehmerlohns amortisiert.**

Die Angabe, wann diese Ereignisse jeweils stattfinden, lässt wichtige Rückschlüsse auf die Entwicklung eines Unternehmens zu.

3. Für gute und schlechte Zeiten: Szenarioanalyse

Der Zahlenteil umfasst eine in die Zukunft gerichtete Planung und ist daher mit einer gewissen Unsicherheit behaftet. So geht es bei der Szenarioanalyse darum, was passiert, wenn sich Ihr Geschäft besser entwickelt als geplant – und umgekehrt, wenn die Geschäftsentwicklung hinter den Erwartungen zurückbleibt.
Die Planung, die Sie in Ihrem Zahlenteil erstellen, dient als „Average Case", was in diesem Zusammenhang so viel wie wahrscheinlichstes Szenario bedeutet. Zudem wird ein „Best Case" (bestes mögliches Szenario) und ein „Worst Case" (schlechtestes mögliches Szenario) erstellt. Wenn Sie mit einer Tabellenkalkulation arbeiten, ist dies recht einfach zu erledigen: Kopieren Sie die Datei mit dem Average Case zweimal und erzeugen Sie daraus je eine Datei für den Best Case und eine für den Worst Case. Identifizieren Sie diejenigen Annahmen, die den größten Einfluss auf Ihr Ergebnis haben. Verändern Sie diese Werte dann in einem Maß, das Ihnen realistisch erscheint, und beschreiben Sie die Ergebnisse in der Szenarioanalyse. In diesem Abschnitt des Zahlenteils hinterlegen Sie die Auswirkungen der im Textteil dargestellten Chancen und Risiken mit Zahlen.

Leitfragen

- **Was sind die wichtigsten Parameter („Stellschrauben") für Ihren Unternehmenserfolg?**
- **Was geschieht mit Ihrem Ergebnis, wenn sich diese Parameter positiv oder negativ verändern?**
- **Welches ist das beste Szenario, das Sie sich realistischerweise vorstellen können (Best Case)?**
- **Welches Szenario können Sie sich im schlimmsten Fall vorstellen (Worst Case)?**

Beispiel: Großhandel mit Verpackungsmaterial

Geschäftsmodell

Georg Paul betreibt einen Großhandel mit unterschiedlichen Verpackungsmaterialien. Diese werden im Ausland beschafft und dann an kleine Geschäfte und Versandhändler in der Region vertrieben.

12. Szenarioanalyse

12.1 Average Case

Die Kalkulation geht von einer [1] eher konservativen Einschätzung der Gewinnmarge von 20 Prozent und zwölf Bestellungen im ersten Jahr aus. Das Ergebnis vor Steuern erreicht so 31.654 Euro.

12.2 Best Case

Bei einer Gewinnmarge von 25 Prozent würde das Ergebnis vor Steuern im ersten Jahr bei 40.134 Euro liegen und damit gut 8.000 Euro über dem Average Case. Dieses Szenario geht von einer möglichen Preiserhöhung im Großhandel mit Verpackungsmaterial aus.
Sollte dagegen die Nachfrage für das Angebot 20 Prozent höher als erwartet ausfallen, könnten 15 Bestellungen pro Jahr getätigt werden. Das Ergebnis vor Steuern würde sich in diesem Fall auf 36.078 Euro erhöhen und die Lagerbestände am Jahresende wären deutlich höher als beim Average Case.

12.3 Worst Case

Eine Gewinnmarge unter 16 Prozent könnte die finanzielle Existenz des Gründers nicht mehr sicherstellen. Dies wäre bei einem [2] extrem starken Preisverfall möglich; das monatliche Ergebnis vor Steuern würde in diesem Fall unter den nötigen Unternehmerlohn von 2.000 Euro fallen.
Ein weiteres negatives Szenario wäre eine Nachfrage, die zu einer jährlichen Zahl von weniger als zehn Bestellungen (bei einer Marge von 20 Prozent) führt. In diesem Fall wäre ebenfalls die selbständige Existenz bedroht.
Auf diese Ereignisse kann nur mit [3] dem Absenken des Unternehmerlohns reagiert werden, was den Gründer zur Aufnahme einer Nebentätigkeit veranlassen würde.

Unser Feedback

1 Wahl der Stellschrauben

Herr Paul identifiziert die Gewinnmarge und die Anzahl der jährlichen Bestellungen als die beiden wichtigsten Stellschrauben für sein Geschäft. Doch er sollte noch ergänzen, welche anderen Parameter infrage kamen und warum er sich für diese entschieden hat, die beide auf der Umsatzseite anzusiedeln sind. Gibt es auch auf der Kostenseite wichtige Faktoren?

2 Begründung mitgeliefert

Herr Paul hat jeweils beschrieben, auf welche Entwicklungen die beschriebenen Szenarien zurückzuführen sind. So wird seine Analyse für den Leser gut verständlich.

3 Worst Case als Existenzbedrohung

Das Worst-Case-Szenario von Herrn Paul orientiert sich daran, was für sein Unternehmen maximal zu verkraften wäre. Diese Werte sind durchaus realistisch. Sie liegen sogar näher am Average Case als die Annahmen für den Best Case. Von daher tut Herr Paul gut daran, diese Untergrenze und auch seine geplanten Reaktionen darzustellen, falls das negative Szenario tatsächlich eintritt.

Fazit

Herrn Pauls Szenarienanalyse macht deutlich, dass er sich auch auf Zahlenebene gründlich mit den Chancen und Risiken seines Vorhabens auseinandergesetzt hat. Es wird klar, dass seine Gründung durchaus mit Risiken behaftet ist und seine Planung wenig Luft nach unten lässt. Dass Herr Paul all diese Informationen selbst liefert, wird von den Prüfern sicherlich positiv bewertet. Denn ansonsten würden sie die entsprechenden Berechnungen selbst durchführen und zum gleichen Ergebnis kommen.

4. Die Berechnungen im Einzelnen: Finanzplanung

Die Finanzplanung umfasst insgesamt sechs Teile. Am besten benutzen Sie für die Erstellung unsere *Excel*-Vorlage, damit Sie das Rad nicht neu erfinden müssen. Dieses Buch folgt dem Template, das über http://www.jeder-ist-unternehmer.de/bplan erhältlich ist und in das die nötigen Rechenoperationen bereits integriert sind.

1. Der *Kapitalbedarfsplan* stellt Ihre Anfangsinvestitionen und andere einmalige Ausgaben dar, die Sie vor der Gründung und in den ersten drei Monaten danach tätigen.

2. Der *Finanzierungsplan* legt dar, welche Finanzmittel dem Unternehmen zur Verfügung stehen. Diese setzen sich aus Eigen- und Fremdkapital zusammen. Sie müssen nicht nur den Kapitalbedarf decken, sondern auch alle anderen Ausgaben des Unternehmens, solange diese noch nicht durch laufende Einnahmen bestritten werden können.

3. Der *Umsatzplan* stellt die Einkünfte des Unternehmens auf Monatsbasis dar. Je nach Geschäftsmodell müssen diese unterschiedlich berechnet werden.

4. Der *Kostenplan* beinhaltet sämtliche laufenden Aufwendungen in Ihrem Unternehmen, namentlich variable Kosten, Personalkosten, sonstige Betriebsausgaben, Abschreibungen und Zinsen.

5. Der *Rentabilitätsplan* stellt die Umsätze den Kosten gegenüber und ermittelt so das Betriebsergebnis.

6. Der *Liquiditätsplan* stellt die Liquiditätsentwicklung während der ersten zwölf Monate nach Gründung dar und zeigt, dass bei der angenommenen Geschäftsentwicklung jederzeit die Zahlungsfähigkeit des Unternehmens gegeben ist.

Beispiel: Wellness-Massagepraxis

Geschäftsmodell

Ulrike Sohler hat viele Jahre in einem Hotel als Masseurin gearbeitet und möchte sich jetzt mit einer eigenen Wellness-Massagepraxis selbständig machen. Ihre Spezialität sind hawaiianische Massagetechniken.

Kapitalbedarfsplan		
Gewerbeanmeldung		40,00 €
Erstberatung Steuerberater		200,00 €
Gründungsberatung		954,00 €
Telefon/DSL-Neuanschluss		100,00 €
Eröffnungswerbung		500,00 €
1. Gründungskosten		**1.194,00 €**
Mietkaution		1.200,00 €
2. Büro/Laden		**1.200,00 €**
Maschinen, Geräte, Werkzeuge		700,00 €
Ladeneinrichtung		3.000,00 €
PC/Laptop/Kasse		700,00 €
Software		150,00 €
Drucker		150,00 €
Erstausstattung Geschäftsunterlagen		850,00 €
3. Investitionen		**5.550,00 €**
Erstausstattung		350,00 €
4. Warenlager		**350,00 €**
Zwischensumme (1. + 2. + 3. + 4.)		8.294,00 €
davon nicht ausgabewirksam, da bereits vorhanden		-400,00 €
davon ausgabewirksam		7.894,00 €
5. Sicherheitsreserve (ca. 20 Prozent)		**1.658,80 €**
Kapitalbedarf (1. + 2. + 3. + 4. + 5.)		**9.952,80 €**
Abschreibungen	**Anschaffung**	**AfA pro Jahr**
Ladeneinrichtung (Abscheibungsdauer: 8 Jahre)	3.000,00	**375,00 €**
EDV-Anlage (Abschreibungsdauer: 3 Jahre)	1.000,00	**333,33 €**

Unser Kommentar

Da Frau Sohler keine medizinisch ausgebildete Masseurin ist, sondern als Wellness-Masseurin arbeitet, benötigt sie eine Gewerbeanmeldung. Die Kosten hierfür variieren von Gemeinde zu Gemeinde und betragen zwischen 20 und 40 Euro.

Eine Erstberatung beim Steuerberater ist sinnvoll, um von Anfang an Fehler zu vermeiden und eine korrekte Buchhaltung sicherzustellen.
Zudem hat sich Frau Sohler beim Schreiben des Businessplans und dem Aufbau ihres Unternehmens von einem Unternehmensberater coachen lassen. Die Beratung ist förderfähig, sodass sie von einer Förderstelle 50 Prozent der Beratungskosten erstattet bekommt. Da sie aber zunächst den vollen Betrag ausgelegt hat, ist er bei den Gründungskosten aufgeführt.

Zur Eröffnung der Praxis möchte die Gründerin ein kleines Fest veranstalten. Die Kosten hierfür veranschlagt sie mit 500 Euro.

Der Posten „Maschinen, Geräte, Werkzeuge" umfasst eine Massageliege und verschiedene kleine Hilfsmittel. Die Liege hat Frau Sohler vor zwei Jahren für 800 Euro gekauft. Sie schätzt den Restwert auf 400 Euro und lässt diesen Betrag in ihre Berechnungen einfließen. Die übrigen Anschaffungen kosten zusammen 300 Euro.

Für den Rechnungsdruck und andere Büroarbeiten schafft sie Computer und Software im Wert von ca. 1.000 Euro an.

Für den Neuanfang lässt Frau Sohler Visitenkarten, Flyer und Rabattcoupons drucken. Kosten für das Design von einem Bekannten und den Druck betragen 850 Euro.

Das Warenlager umfasst in ihrem Fall die Grundausstattung an Massageölen, Handtüchern und Hygieneartikeln.

Ihr Kapitalbedarf beträgt also 8.294 Euro, wovon die 400 Euro Zeitwert der bereits vorhandenen Liege abzuziehen sind. Es verbleiben 7.894 Euro, auf die Frau Sohler nochmals 20 Prozent aufschlägt. Dieser Puffer dient für unvorhergesehene Ausgaben.

Investitionsgüter, deren Wert über 150 Euro (bis Ende 2007: 410 Euro) netto liegt, müssen abgeschrieben werden. Im Fall von Frau Sohler sind das die Ladeneinrichtung und der Computer. Die jeweilige Abschreibungsdauer hat sie anhand der amtlichen Afa-Tabelle ermittelt (vergleiche www.jeder-ist-unternehmer.de/afa).

Beispiel: Wellness-Massagepraxis

Finanzierungsplan	
Eigenkapital	10.000,00
Sacheinlagen	400,00 €
1. Eigenmittel	**10.400,00 €**
Darlehen von Verwandten (Zins 4 Prozent p.a.)	10.000,00 €
2. Langfristiges Fremdkapital	**10.000,00 €**
Dispokredit	3.000,00 €
3. Kurzfristiges Fremdkapital	**3.000,00 €**
Finanzierungsmittel 1.–3. gesamt	**23.400,00 €**

Unser Kommentar zum Finanzierungsplan

Frau Sohler hat 10.000 Euro gespart, die sie als Startkapital einbringt.

Ihre Tante hat ihr weitere 10.000 Euro zur Verfügung gestellt. Sie wollte auf eine Verzinsung verzichten, aber Frau Sohler bestand darauf, ihr vier Prozent pro Jahr an Zinsen zu bezahlen.

Tipp

Fremdkapital erst nach fester Zusage einplanen

Viele Gründer schätzen die Wahrscheinlichkeit, einen Bankkredit zu bekommen, erfahrungsgemäß viel zu optimistisch ein. Reihenweise Absagen von Banken zu erhalten ist nicht nur frustrierend – es gefährdet auch Ihren Anspruch auf Fördermittel wie den Gründungszuschuss, sofern Ihr Vorhaben ohne Fremdkapital nicht durchführbar ist. Sichern Sie sich deshalb ab, bevor Sie Fremdkapital in Ihren Businessplan einkalkulieren. Ein Unternehmensberater kann gut einschätzen, wie Ihre Chancen auf Fremdkapital stehen, und Sie bei der Beantragung des Kredits unterstützen. Erarbeiten Sie mit seiner Hilfe auch einen „Plan B", also Ansätze, wie Sie Ihre Geschäftsidee ohne einen Bankkredit verwirklichen können. In vielen Fällen ist das sogar die bessere Lösung, da Sie so bei einem Scheitern Ihrer Gründung nicht auf einem Berg von Schulden sitzen bleiben.

Beispiel: Wellness-Massagepraxis

Umsatzplan												
Monat	**Jul**	**Aug**	**Sep**	**Okt**	**Nov**	**Dez**	**Jan**	**Feb**	**März**	**Apr**	**Mai**	**Jun**
Werk-/Öffnungstage im Monat	20	20	20	20	20	15	18	20	20	20	20	20
Durchschnittlicher Umsatz/Tag	60,00 €	70,00 €	80,00 €	90,00 €	100,00 €	110,00 €	120,00 €	140,00 €	160,00 €	180,00 €	200,00 €	220,00 €
Umsatz (Plan)	1.200,00 €	1.400,00 €	1.600,00 €	1.800,00 €	2.000,00 €	1.650,00 €	2.160,00 €	2.800,00 €	3.200,00 €	3.600,00 €	4.000,00 €	4.400,00 €
davon sind variable Kosten/Wareneinsatz	120,00 €	140,00 €	160,00 €	180,00 €	200,00 €	165,00 €	216,00 €	280,00 €	320,00 €	360,00 €	400,00 €	440,00 €
Verteilung der Zahlungen auf												
Barzahlungen	1.200,00 €	1.400,00 €	1.600,00 €	1.800,00 €	2.000,00 €	1.650,00 €	2.160,00 €	2.800,00 €	3.200,00 €	3.600,00 €	4.000,00 €	4.400,00 €

Unser Kommentar zum Umsatzplan

Frau Sohlers Massagepraxis ist von Dienstag bis Samstag von 13:00 bis 22:00 Uhr geöffnet. Mit diesen Öffnungszeiten trägt sie den Wünschen berufstätiger Kunden Rechnung.

Der Berechnung liegt die folgende Preisliste zugrunde, wobei die Nettobeträge auf ganze Euro abgerundet sind:

20 Minuten 18 Euro	(15 Euro netto)
45 Minuten 36 Euro	(30 Euro netto)
60 Minuten 48 Euro	(40 Euro netto)
90 Minuten 72 Euro	(60 Euro netto)

Die Gründerin geht davon aus, anfangs täglich zwei Massagen à 45 Minuten oder eine Massage à 90 Minuten verkaufen zu können. Nach sechs Monaten soll die doppelte und zum Jahresende die vierfache Auslastung erreicht werden. Sie kommt damit auf einen durchschnittlichen Umsatz pro Werktag von 128 Euro netto.

Für Akquise, Weiterbildung und Verwaltung hat Frau Sohler keinen Puffer eingeplant, da dies in den Zeiträumen zwischen den Massagen geschehen soll.

Frau Sohler rechnet damit, dass Verbrauchsmaterial wie Öle und Kerzen zehn Prozent der Massagekosten ausmachen.

Die Zahlungen erfolgen alle sofort in bar, sodass sich keine Differenz zwischen dem Tag der Leistungserbringung und dem Zahlungsfluss ergibt.

Tipp

Sehen Sie Ihre Auslastung nicht zu optimistisch

„Meine Praxis ist jeden Tag neun Stunden geöffnet, ziehen wir eine Stunde Pause ab – also kann ich acht Massagen à 60 Minuten pro Tag schaffen." Das ist theoretisch richtig. Trotzdem ist es gut, dass Frau Sohler anfangs nur von 90 Minuten Auslastung pro Tag ausgeht, denn es dauert einige Zeit, bis sich ein neues Angebot am Markt etabliert hat und Stammkunden regelmäßig wiederkommen. So ist auch die dauerhafte Auslastung von sechs Stunden Massagen am Tag keineswegs zu zurückhaltend geplant. Selbst wenn Frau Sohler völlig ausgebucht ist, kommt es vor, dass Kunden erkranken oder einen Termin absagen. Kalkulieren Sie solche Umstände mit ein – und planen Sie mit einem Puffer für unvorhergesehene Ereignisse.

Beispiel: Wellness-Massagepraxis

Kostenplan (Monatsbasis)		
	Monat	**Jahr**
1. Variable Kosten (Wareneinsatz, Provisionen)	**248,42 €**	**2.981,00 €**
2. Personalkosten ohne Unternehmerlohn	**0 €**	**0 €**
Miete/Pacht für Büro/Laden	150,00 €	
Mietnebenkosten	70,00 €	
Beträge (Kammern, BG, Berufsverbände)	5,00 €	
Gebühren	8,00 €	
Reisekosten (mit Privatwagen gefahrene Kilometer, öffentliche Verkehrsmittel wie Flugzeug, Bahn, Taxi usw.)	30,00 €	
Ausgaben für Werbung, PR, Repräsentation	40,00 €	
Weiterbildung	80,00 €	
Instandhaltung Geräte, Maschinen (Wartung, Reparatur, Ersatz)	20,00 €	
Bürobedarf, Kopien	5,00 €	
Verbrauchsmaterialien	20,00 €	
Telefon, Fax, Internetzugang	40,00 €	
Porto und Kurier	5,00 €	
Buchhaltung, Steuer- und Rechtsberatung	50,00 €	
Sicherheitspuffer (20 Prozent)	104,60 €	
3. Sonstige Betriebsausgaben	**627,60 €**	**7.531,20 €**
4. Zinsen	**33,33 €**	**400,00 €**
Ladeneinrichtung (Abschreibungsdauer: 8 Jahre)	31,25 €	375,00 €
EDV-Anlage (Abschreibungsdauer: 3 Jahre)	27,78 €	333,33 €
5. Abschreibung	**59,03 €**	**708,33 €**
Gesamtbetrag (1. + 2. + 3. + 4. + 5.)	**968,38 €**	**11.620,53 €**

Unser Kommentar zum Kostenplan

Da in ihrem Behandlungsraum nur eine Liege Platz hat, plant Frau Sohler nicht, Mitarbeiter zu beschäftigen.

Der Raum kostet 150 Euro Miete im Monat. Wegen der für die Massagen erforderlichen hohen Raumtemperatur schlagen die Nebenkosten mit 70 Euro pro Monat zu Buche.

Unter „Beiträge" findet sich der Pflichtbeitrag zur IHK, acht Euro im Monat gehen an die GEZ für Radio und PC.

Frau Sohler plant, jedes Jahr an einer Weiterbildung für etwa 1.000 Euro teilzunehmen. Die Kosten hierfür hat sie auf den Monat umgelegt, der Betrag ist abgerundet.

Die Zinsen ergeben sich aus dem Finanzierungsplan, die Abschreibungen sind dem Kapitalbedarfsplan zu entnehmen.

Tipp

Achten Sie auf Ihre Fixkosten

Repräsentative Büroräume, der schnittige Firmenwagen, eine eigene Sekretärin – viele verbinden mit Selbständigkeit solche und ähnliche Statussymbole. Doch so einfach ist das nicht, denn derartige Posten – Miete, Ausgaben für Auto, Personalkosten – stellen Fixkosten dar. Genau diese können Ihnen erhebliche Kopfschmerzen bereiten, wenn Ihr Geschäft später einmal nicht so läuft, wie Sie es sich ursprünglich vorgestellt haben – die Fixkosten laufen dann ja weiter. Wir empfehlen deshalb, gerade am Anfang Ihre Kostenstruktur so flexibel wie möglich zu gestalten: ein Büro oder eine Bürogemeinschaft mit kurzer Kündigungsfrist, Nutzung des Privat-Pkw, freie Mitarbeiter statt Angestellte. Über diese Investitionen können Sie immer noch nachdenken, wenn sich Ihr Geschäft stabilisiert hat.

Beispiel: Wellness-Massagepraxis

Rentabilitätsplan			
	1. Jahr	2. Jahr	3. Jahr
Umsatz	**29.811,00 €**	**57.600,00 €**	**57.600,00 €**
./. variable Kosten	2.981,00 €	5.760,00 €	5.760,00 €
= Rohertrag I	**26.830,00 €**	**51.840,00 €**	**51.840,00 €**
./. Personalkosten	0,00 €	0 €	0 €
= Rohertrag II	**26.830,00 €**	**51.840,00 €**	**51.840,00 €**
./. sonstige Betriebsausgaben	7.531,20 €	7.500,00 €	8.000,00 €
= Cashflow	**19.298,80 €**	**44.340,00 €**	**43.840,00 €**
./. Zinsen	400,00 €	400,00 €	200,00 €
./. Abschreibung	708,33 €	708,33 €	708,33 €
= Ergebnis vor Steuern	**18.190,47 €**	**43.231,67 €**	**42.931,67 €**
./. Gewerbesteuer	0,00 €	855,11 €	834,96 €
Ergebnis nach Gewerbesteuer	**18.190,47 €**	**42.376,56 €**	**42.096,71 €**
Pro Monat	1.515,87 €	3.531,38 €	3.508,06 €

Unser Kommentar zum Rentabilitätsplan

Der Rentabilitätsplan für das erste Jahr stellt die bisher errechneten Umsätze und Kosten gegenüber. Demnach bleiben Frau Sohler im ersten Jahr 18.190 Euro, was 1.516 Euro pro Monat entspricht.

Für die Folgejahre ist Frau Sohler wieder annahmenbasiert vorgegangen. Grundlage der Planung ist, dass sich der Umsatz bei 240 Euro pro Öffnungstag stabilisiert. Das ergibt 57.600 Euro pro Jahr. Der Anteil der variablen Kosten bleibt gleich, während die sonstigen Betriebsausgaben von Jahr zu Jahr leicht steigen.

Dafür sinken die Zinsausgaben im dritten Jahr, da Frau Sohler zur Jahresmitte den Privatkredit an ihre Tante zurückgezahlt haben wird.

Sie erreicht damit ein Jahresergebnis von rund 43.000 Euro pro Jahr. Da es oberhalb des Gewerbesteuerfreibetrags von 24.500 Euro liegt, muss Frau Sohler Gewerbesteuer abführen. Nach Abzug der Gewerbesteuer beträgt das Ergebnis noch gut 42.000 Euro pro Jahr, also 3.500 Euro monatlich. Die Berechnung der Gewerbesteuer ist relativ kompliziert, und ihre Höhe hängt unter anderem vom Hebesatz der jeweiligen Gemeinde ab.
Eine genaue Erklärung, die die Neuregelung der Gewerbesteuer zum 1. Januar 2008 berücksichtigt, finden Sie unter www.gruendungszuschuss.de/gewerbesteuer.

Tipp

Schnell in die Gewinnzone

Große Unternehmen gehen bei ihren Kalkulationen häufig davon aus, dass neue Produkte oder Dienstleistungen erst nach einigen Jahren Gewinn abwerfen. Sie können sich das leisten, da andere Unternehmensbereiche diese anfänglichen Verluste ausgleichen können. Als Gründer sollten Sie anders denken, denn schließlich wollen Sie in absehbarer Zeit von Ihrer Geschäftsidee Ihren Lebensunterhalt bestreiten. Faustregel: Schon im ersten Jahr sollte Ihr Unternehmen Gewinne abwerfen, im zweiten Jahr sollten Sie davon zufriedenstellend leben können. Andernfalls müssen Sie in Ihrem Businessplan genau begründen, wie Sie in der Zwischenzeit Ihren Lebensunterhalt bestreiten.

Beispiel: Wellness-Massagepraxis

Liquiditätsplan												
Monat	**Jul**	**Aug**	**Sep**	**Okt**	**Nov**	**Dez**	**Jan**	**Feb**	**März**	**Apr**	**Mai**	**Jun**
1. Bestand an liquiden Mitteln	**0 €**	**8.611,16 €**	**8.244,29 €**	**6.557,56 €**	**5.050,82 €**	**3.724,09 €**	**1.988,31 €**	**858,58 €**	**327,09 €**	**114,56 €**	**262,02 €**	**769,49 €**
Kreditauszahlungen	10.000,00 €	0 €	0 €	0 €	0 €	0 €	0 €	0 €	0 €	0 €	0 €	0 €
Barverkäufe	1.200,00 €	1.400,00 €	1.600,00 €	1.800,00 €	2.000,00 €	1.650,00 €	2.160,00 €	2.800,00 €	3.200,00 €	3.600,00 €	4.000,00 €	4.400,00 €
Vereinnahmte Umsatzsteuer	228,00 €	266,00 €	304,00 €	342,00 €	380,00 €	313,50 €	410,40 €	532,00 €	608,00 €	684,00 €	760,00 €	836,00 €
Vom Finanzamt erstattete Vorsteuer	0 €	1.641,90 €	145,84 €	149,64 €	153,44 €	157,24 €	150,59 €	160,28 €	172,44 €	180,04 €	187,64 €	195,24 €
Privateinlagen	10.000,00 €	0 €	0 €	0 €	0 €	0 €	0 €	0 €	0 €	0 €	0 €	0 €
2. Einnahmen	**21.428,00 €**	**3.307,90 €**	**2.049,84 €**	**2.291,64 €**	**2.533,44 €**	**2.120,74 €**	**2.720,99 €**	**3.492,28 €**	**3.980,44 €**	**4.464,04 €**	**4.947,64 €**	**5.431,24 €**
Zahlungen an Lieferanten	120,00 €	140,00 €	160,00 €	180,00 €	200,00 €	165,00 €	216,00 €	280,00 €	320,00 €	360,00 €	400,00 €	440,00 €
Sonstige Betriebsausgaben (Fixkosten)	627,60 €	627,60 €	627,60 €	627,60 €	627,60 €	627,60 €	627,60 €	627,60 €	627,60 €	627,60 €	627,60 €	627,60 €
Bezahlte Vorsteuer (ca.)	1.641,90 €	145,84 €	149,64 €	153,44 €	157,24 €	150,59 €	160,28 €	172,44 €	180,04 €	187,64 €	195,24 €	202,84 €
Ans Finanzamt abgeführte Umsatzsteuer	0 €	228,00 €	266,00 €	304,00 €	342,00 €	380,00 €	313,50 €	410,40 €	532,00 €	608,00 €	684,00 €	760,00 €
Zinsen	33,33 €	33,33 €	33,33 €	33,33 €	33,33 €	33,33 €	33,33 €	33,33 €	33,33 €	33,33 €	33,33 €	33,33 €
Sonstiges (Investitionen)	7.894,00 €	0 €	0 €	0 €	0 €	0 €	0 €	0 €	0 €	0 €	0 €	0 €
Privatentnahmen	2.500,00 €	2.500,00 €	2.500,00 €	2.500,00 €	2.500,00 €	2.500,00 €	2.500,00 €	2.500,00 €	2.500,00 €	2.500,00 €	2.500,00 €	2.500,00 €
3. Ausgaben	**12.816,84 €**	**3.674,78 €**	**3.736,58 €**	**3.798,38 €**	**3.860,18 €**	**3.856,53 €**	**3.850,72 €**	**4.023,78 €**	**4.192,98 €**	**4.316,58 €**	**4.440,18 €**	**4.563,78 €**
4. Ergebnis (2. – 3.)	**8.611,16 €**	**–366,87 €**	**–1.686,73 €**	**–1.506,73 €**	**–1.326,73 €**	**–1.735,78 €**	**–1.129,72 €**	**–531,49 €**	**–212,53 €**	**147,47 €**	**507,47 €**	**867,47 €**
Liquidität (1. + 4.)	**8.611,16 €**	**8.244,29 €**	**6.557,56 €**	**5.050,82 €**	**3.724,09 €**	**1.988,31 €**	**858,58 €**	**327,09 €**	**114,56 €**	**262,02 €**	**769,49 €**	**1.636,96 €**

Unser Kommentar zum Liquiditätsplan

Im Liquiditätsplan werden die tatsächlichen Zahlungsflüsse betrachtet. Denn nicht immer geht Geld in dem Monat ein, in dem die Leistung erbracht oder die Rechnung geschrieben wird. Da Frau Sohlers Kunden sofort bar zahlen, hat sie dieses Problem nicht. Verschiebungen ergeben sich nur bei der Umsatzsteuer, die erst im Folgemonat verrechnet wird.

In den Liquiditätsplan fließen auch Frau Sohlers Privatentnahmen, ihr „Unternehmerlohn", ein. Hier lassen sich die ersten beiden Break-even-Punkte gut erkennen: Von Anfang an liegen die Umsätze über den Kosten. Im zehnten Monat reichen sie sogar aus, um Frau Sohlers Unternehmerlohn zu finanzieren.

Das Liquiditätsminimum ergibt sich im neunten Monat und beträgt 115 Euro, was eine extrem knappe Reserve darstellt. Laut Finanzierungsplan hat die Bank Frau Sohler allerdings einen Dispositionskredit von 3.000 Euro eingeräumt, sodass sie diesen Engpass überbrücken kann.

Fazit

Die Finanzplanung von Frau Sohler ist rundum solide. Alle Zahlenwerte wirken realistisch und gut recherchiert. Das geringe Liquiditätsminimum ist ein Schönheitsfehler, der sich dank des Dispositionsrahmens bei der Bank nicht negativ auf das Gesamtbild auswirkt.

Tipp

Halten Sie die Liquidität zu jedem Zeitpunkt positiv

Stellen Sie sich die Liquidität wie eine Kasse oder eine Spardose vor. Wenn sie „leer" ist, können Sie auch nichts mehr herausnehmen. Selbst wenn Sie im ersten Jahr ein positives Ergebnis erzielen, ist nicht gesagt, dass zu jedem Zeitpunkt des Jahres die Summe Ihrer Einnahmen höher ist als die Ihrer Ausgaben – also noch Geld in Ihrer „Spardose" verbleibt. Bei Ebbe in der Kasse können Sie Rechnungen nicht mehr bezahlen. Das bedeutet, dass Sie Insolvenz anmelden müssen – Sie sind pleitegegangen! Achten Sie also unbedingt darauf, dass in Ihrem Businessplan die Liquidität niemals ins Minus rutscht. Das können Sie zum Beispiel durch eine gute Ausstattung mit Eigen- und/oder Fremdkapital erreichen.

5. Die Hürde, die Sie nehmen müssen: der Unternehmerlohn

Mit dem kalkulatorischen Unternehmerlohn stellen Sie die Tragfähigkeit Ihrer Geschäftsidee auf die Probe. Denn er ist die Messlatte dafür, ob Ihr Gewinn ausreicht, um davon angemessen leben zu können.

Beispiel: Ingenieurbüro für den Anlagenbau

Geschäftsmodell

Alfred Maisner gründet ein Ingenieurbüro, das sich auf Consulting und Projektmanagement im Anlagenbau, insbesondere im Bereich Hochtechnologie, spezialisiert.

Kalkulatorischer Unternehmerlohn	
Bruttoeinkommen als Angestellter (Was ist realistischerweise erzielbar?)	5.000 €
Sonstige Zahlungen (Vermögenswirksame Leistungen usw.)	0 €
Arbeitgeberanteil Renten-, Kranken-, Pflege-, Arbeitslosenversicherung	950 €
Aufschlag für Urlaubs-, Weihnachtsgeld, 13. Monatsgehalt, Boni etc.	15 %
Zu- oder Abschlag (minus!) für Selbständigkeit	–20 %
Variante 1: Von Einkommensalternative her gerechnet	**5.474 €**
Lebenshaltung im eigentlichen Sinn (Einkäufe, Kleidung, Anschaffungen, Ausgehen, Urlaub, Mitgliedschaften)	600 €
Miete, Heizung, Nebenkosten, Strom	1.200 €
Telefon, Internetzugang	50 €
Privat-Kfz	250 €
Krankenversicherung	300 €
Altersvorsorge	500 €
Durchschnittlicher Einkommensteuersatz	24 %
Solidaritätszuschlag	1,3 %
Kirchensteuer	0,0 %
Variante 2: Von Ausgabenseite her gerechnet	**3.883 €**

Unser Kommentar

In diesem Abschnitt berechnen Sie, wie viel Geld Sie Ihrem Unternehmen jeden Monat entnehmen müssen, um Ihren persönlichen Lebensunterhalt zu bestreiten. Dabei sind zwei Vorgehensweisen denkbar.

Entweder Sie legen Ihren Berechnungen Ihr letztes Einkommen zugrunde. Dafür hat Herr Maisner sein Jahresbruttoeinkommen von 60.000 Euro auf 5.000 Euro pro Monat umgerechnet. Außerdem sah sein Arbeitsvertrag eine leistungsabhängige Vergütung (Bonus) von bis zu 15 Prozent vor.

Hinzu kommt der Arbeitgeberanteil für die Sozialabgaben (Kranken-, Pflege-, Renten- und Arbeitslosenversicherung). Diese sind genauso hoch wie der Arbeitnehmeranteil und lassen sich auf einfache Art und Weise mit einem Brutto-Netto-Rechner ermitteln (siehe im Internet unter www.jeder-ist-unternehmer.de/brutto_netto). Sie betragen zusammen maximal etwa 20 Prozent des Bruttogehalts.

Schließlich nimmt Herr Maisner noch einen Abschlag von 20 Prozent vor. Diese Einbuße ist er bereit hinzunehmen, um in Zukunft sein eigener Chef zu sein. Er kommt damit auf 5.474 Euro pro Monat.

Ein zweiter Weg, den Unternehmerlohn zu berechnen, führt über die Ausgabenseite. Herr Maisner hat dazu seine Lebenshaltungskosten addiert. Hinzu kommen 300 Euro für eine private Krankenversicherung und 500 Euro für Rentenversicherungen. So kommt Herr Maisner auf 2.900 Euro, die er jeden Monat benötigt. Für dieses Nettoeinkommen (34.800 Euro pro Jahr) muss er als konfessionsloser Single etwa 45.000 Euro brutto verdienen (siehe dazu die Tabelle auf Seite 169), ihn trifft ein durchschnittlicher Steuersatz von etwa 24 Prozent zuzüglich Solidaritätszuschlag.

Herr Maisner kommt damit auf einen kalkulatorischen Unternehmerlohn von 3.883 Euro pro Monat.

Auf den Punkt gebracht: Basics, Tipps und Tricks

Checkliste: Ermitteln Sie Ihre Lebenshaltungskosten

Die folgende Checkliste hilft Ihnen dabei, Ihre Lebenshaltungskosten und daraus den kalkulatorischen Unternehmerlohn zu berechnen.

Ausgabeposition	Ihre Ausgaben	Zur Orientierung*
1. Nahrungsmittel, Getränke, Tabakwaren		20 Prozent
2. Bekleidung und Schuhe		7 Prozent
3. Inneneinrichtung (Möbel, Heimtextilien, Haushaltsgeräte und Werkzeuge)		10 Prozent
4. Gesundheitspflege (Eigenanteile)		6 Prozent
5. Verkehr (Auto, Tankstelle, Werkstatt, öffentliche Verkehrsmittel inklusive Bahn und Flug bis hin zum Fahrrad)		22 Prozent
6. Nachrichtenübermittlung (Telefon, Internet, Porto)		4 Prozent
7. Freizeit (Unterhaltungselektronik/Computer/Foto, Zeitungen/Zeitschriften, Bücher, Spiele, Musik, Eintrittsgelder, Fitnessstudio, Garten, Schreibwaren, Pauschalreisen)		16 Prozent
8. Bildungswesen (VHS-Kurse, Studiengebühren)		1 Prozent
9. Hotels und Restaurants (inklusive Kantine, Imbiss usw.)		8 Prozent
10. Andere Waren und Dienstleistungen, insbesondere Körperpflege (Frisör, Körperpflegeartikel), persönliche Gebrauchsgegenstände (Schmuck, Uhren) und Versicherungs- und Finanzdienstleistungen (ohne die unten aufgeführten)		6 Prozent
11. Zwischensumme: private Konsumausgaben ohne Wohnen		**100 Prozent**
12. Wohnen (inklusive Heizung, Strom, Wasser, Instandhaltung)		
13. Zwischensumme: private Konsumausgaben insgesamt		
14. Gesetzliche Kranken- und Pflegeversicherung		
15. Private Kranken- und Pflegeversicherung		
16. Gesetzliche Rentenversicherung		
17. Private Ersparnisbildung in Spar- und Wertpapieranlagen		
18. Zwischensumme: kalkulatorischer Unternehmerlohn vor Abzug von Steuern		
19. Einkommensteuer		
20. Solidaritätszuschlag		
21. Kirchensteuer		
22. Gegebenenfalls abzüglich Anteil des Lebenspartners		
23. Endsumme: kalkulatorischer Unternehmerlohn		
*) Prozentuale Verteilung der Konsumausgaben privater Haushalte in Deutschland im Jahr 2003, 100 Prozent = Konsumausgaben ohne Ausgaben für Wohnen		

In der Regel ist die zweite Methode zur Ermittlung des kalkulatorischen Unternehmerlohns realistischer, da sie sich an den tatsächlichen Lebenshaltungskosten des Gründers orientiert. Achten Sie unbedingt darauf, Ihre Ausgaben nicht zu niedrig einzuschätzen, denn sie beinhalten auch Sparleistungen für größere Ausgaben, zum Beispiel für Urlaub, Auto oder Umzug.

Durchschnittliche Einkommensteuer

In der Tabelle finden Sie die durchschnittlichen Einkommensteuersätze gemäß der seit 2005 gültigen Grundtabelle für Steuerklasse I (Ledige). Hinzu kommen 5,5 Prozent Solidaritätszuschlag und gegebenenfalls die Kirchensteuer. Diese beträgt je nach Bundesland zwischen acht und neun Prozent der Einkommensteuer.

Gewinn vor Steuern	Einkommensteuer	Solidaritätszuschlag	Gewinn nach Steuern	Durchschnittlicher Steuersatz	Grenzsteuerbelastung
10.000 €	398 €	0 €	9.602 €	4 %	19 %
15.000 €	1.542 €	85 €	13.373 €	11 %	26 %
20.000 €	2.850 €	157 €	16.993 €	15 %	29 %
25.000 €	4.271 €	235 €	20.494 €	18 %	31 %
30.000 €	5.807 €	319 €	23.874 €	20 %	34 %
35.000 €	7.458 €	410 €	27.132 €	22 %	36 %
40.000 €	9.223 €	507 €	30.270 €	24 %	38 %
45.000 €	11.102 €	611 €	33.287 €	26 %	41 %
50.000 €	13.096 €	720 €	36.184 €	28 %	43 %
55.000 €	15.186 €	835 €	38.979 €	29 %	44 %
60.000 €	17.286 €	951 €	41.763 €	30 %	44 %
65.000 €	19.386 €	1.066 €	44.548 €	31 %	44 %
70.000 €	21.486 €	1.182 €	47.332 €	32 %	44 %
75.000 €	23.586 €	1.297 €	50.117 €	33 %	44 %
80.000 €	25.686 €	1.413 €	52.901 €	34 %	44 %
85.000 €	27.786 €	1.528 €	55.686 €	34 %	44 %
90.000 €	29.886 €	1.644 €	58.470 €	35 %	44 %
95.000 €	31.986 €	1.759 €	61.255 €	36 %	44 %
100.000 €	34.086 €	1.875 €	64.039 €	36 %	44 %

Für Verheiratete, die gemäß der Splittingtabelle veranlagt werden, gelten die folgenden Steuersätze:

16.000 €	102 €	0 €	15.898 €	1 %	16 %
20.000 €	796 €	85 €	19.119 €	4 %	19 %
30.000 €	3.084 €	170 €	26.746 €	11 %	26 %
40.000 €	5.700 €	314 €	33.987 €	15 %	29 %
50.000 €	8.542 €	470 €	40.988 €	18 %	31 %
60.000 €	11.614 €	639 €	47.747 €	20 %	34 %
70.000 €	14.916 €	820 €	54.264 €	23 %	36 %
80.000 €	18.446 €	1.015 €	60.539 €	24 %	38 %
90.000 €	22.204 €	1.221 €	66.575 €	26 %	41 %
100.000 €	26.192 €	1.441 €	72.367 €	28 %	43 %
110.000 €	30.372 €	1.670 €	77.958 €	30 %	44 %
120.000 €	34.572 €	1.901 €	83.527 €	30 %	44 %
130.000 €	38.772 €	2.132 €	89.096 €	32 %	44 %
140.000 €	42.972 €	2.363 €	94.665 €	32 %	44 %
150.000 €	47.172 €	2.594 €	100.234 €	33 %	44 %

6. Wenn Sie nicht nach Stunden abrechnen: alternative Umsatzmodelle

Das Geschäftsmodell beantwortet die Frage, was zu welchem Preis in welcher Menge verkauft werden soll. Die Rechnung, die ohne weiteres auf einen Bierdeckel passt, ist die Grundlage, auf der die gesamte Umsatzplanung aufbaut. Wahrscheinlich lässt sich Ihr Geschäftsmodell auf eine einfache Multiplikation reduzieren:

1. Zeiteinheit x Preis,
2. Menge x Preis,
3. Umsatz x Umsatzanteil oder
4. Bestand x Bestandsrendite.

Die meisten Existenzgründer verkaufen letztlich ihre Arbeitszeit und stellen Stunden oder Tage in Rechnung. Auch hinter Pauschalpreisen für bestimmte Dienstleistungen, Festpreisangeboten für größere Projekte oder durch Gebührenordnungen vorgegebenen Honoraren steht letztlich meist eine Kalkulation nach aufgewendeter Arbeitszeit. Sicherlich stellt die Reduktion des Geschäftsmodells auf eine derartige Rechnung eine gewisse Vereinfachung dar, und nicht immer reicht eine einfache Multiplikation aus. Trotzdem sollten Sie versuchen, die Businesslogik hinter Ihrem Geschäft so übersichtlich wie möglich zu beschreiben. Wie das geht, zeigen die folgenden Beispiele.

Beispiel: Schulungen für Telefonmarketing und -akquise

Geschäftsmodell

Richard Duchamp bietet Schulungen im Bereich Telefonmarketing und -akquise an. Die Teilnehmer verbessern nicht nur ihre Gesprächstechnik, sondern auch ihre Kundenwahrnehmung und den Einsatz ihrer Stimme.

Umsatzplan													
Monat		**Jan**	**Feb**	**März**	**Apr**	**Mai**	**Jun**	**Jul**	**Aug**	**Sep**	**Okt**	**Nov**	**Dez**
Werk-/Öffnungstage im Monat		20	20	20	20	20	20	20	20	20	20	20	20
davon Urlaub/geschlossen		0	0	0	0	0	5	3	0	0	0	0	5
davon Weiterbildung/Verwaltung		2	2	2	7	2	2	2	2	2	2	2	2
davon Puffer für Krankheit etc.		1	1	1	1	1	1	1	1	1	1	1	1
davon Akquise etc.		15	15	13	10	13	12	12	11	9	9	7	8
Umsatzwirksame Tage		**2**	**2**	**4**	**2**	**4**	**0**	**2**	**6**	**8**	**8**	**10**	**4**
Durchschnittlicher Umsatz/Tag		1.200 €	1.200 €	1.200 €	1.200 €	1.200 €	1.200 €	1.200 €	1.200 €	1.400 €	1.400 €	1.400 €	1.400 €
Umsatz (Plan)		**2.400 €**	**2.400 €**	**4.800 €**	**2.400 €**	**4.800 €**	**0 €**	**2.400 €**	**7.200 €**	**11.200 €**	**11.200 €**	**14.000 €**	**5.600 €**
davon sind Provisionen	15 %	360 €	360 €	720 €	360 €	720 €	0 €	360 €	1.080 €	1.680 €	1.680 €	2.100 €	840 €
Verteilung der Zahlungen auf													
Zahlung im selben Monat	8 %	192 €	192 €	384 €	192 €	384 €	0 €	192 €	576 €	896 €	896 €	1.120 €	448 €
Zahlung im Folgemonat	45 %	0 €	1.080 €	1.080 €	2.160 €	1.080 €	2.160 €	0 €	1.080 €	3.240 €	5.040 €	5.040 €	6.300 €
Zahlung in zwei Monaten	45 %	0 €	0 €	1.080 €	1.080 €	2.160 €	1.080 €	2.160 €	0 €	1.080 €	3.240 €	5.040 €	5.040 €
Summe Forderungen/Geldeingang		192 €	1.272 €	2.544 €	3.432 €	3.624 €	3.240 €	2.352 €	1.656 €	5.216 €	9.176 €	11.200 €	11.788 €
Zahlungsausfall	2 %	48 €	48 €	96 €	48 €	96 €	0 €	48 €	144 €	224 €	224 €	280 €	112 €

Unser Kommentar

Anders als Herr Schulte und Frau Sohler arbeitet Herr Duchamp nicht auf Stundenbasis. Er bietet stattdessen Schulungen an, die an zwei aufeinanderfolgenden Tagen stattfinden. Seine Auftraggeber sind zumeist mittlere und größere Unternehmen. Bevor eine Schulung tatsächlich stattfinden kann, sind zahlreiche Vorgespräche und interne Zustimmungen erforderlich. Zudem ist ein umfangreicher organisatorischer Aufwand erforderlich.

Entsprechend gestaltet sich der Preis für das Seminar: Herr Duchamps bietet es eingangs für 2.400 Euro netto an und erhöht den Preis nach Ende der Einführungsphase ab September auf 2.800 Euro.

Er plant für das erste Jahr mit durchschnittlich einem Schulungstag pro Woche. Für April hat er eine fünftägige Weiterbildung gebucht, im Sommer und zu Weihnachten macht er einige Tage Urlaub. An den für Akquise eingeplanten Tagen sollen nicht nur Gespräche mit potenziellen Kunden stattfinden, sondern auch die Trainings weiterentwickelt und die Öffentlichkeitsarbeit über Fachzeitschriften und im Internet betrieben werden. Herr Duchamps ist im ersten Jahr also wesentlich mehr mit der Vermarktung seines Angebots beschäftigt als mit der eigentlichen Durchführung von Schulungen. Trotzdem geht er von einem verhältnismäßig hohen Jahresumsatz von über 68.000 Euro aus.

Bei einigen potenziellen Kunden wird er von Vermittlern empfohlen, die dafür Provisionen von 15 bis 30 Prozent verlangen. Herr Duchamps kalkuliert deshalb bezogen auf den Gesamtumsatz mit einem durchschnittlichen Provisionssatz von 15 Prozent.

Bei den Zahlungseingängen geht er davon aus, dass der Großteil (jeweils 45 Prozent) seiner Kunden erst im Folgemonat oder im übernächsten Monat die Rechnungen begleicht.

Tipp

Seien Sie bei der Planung der Zahlungseingänge realistisch

Wenn Sie eine Rechnung beispielsweise am 20. eines Monats stellen, ist es aufgrund der Post- und Banklaufzeiten selbst bei schnellster Überweisung kaum möglich, dass das Geld Sie noch im selben Monat erreicht. Besonders größere Firmen neigen dazu, Zahlungsziele systematisch auszureizen oder zu überziehen, um ihre Liquidität zu schonen oder Kapitalkosten zu vermeiden. Kalkulieren Sie das bei Ihrer Umsatzplanung unbedingt mit ein.

Beispiel: eBay-Handel mit Elektronikartikeln

Geschäftsmodell

Claudia Rautenberg verkauft aus Asien importierte Elektronikartikel über eBay. Durch persönliche Kontakte nach Taiwan ist sie zumeist die Erste, die neue Produkte in Deutschland anbietet.

Umsatzplan													
Monat		**Jan**	**Feb**	**März**	**Apr**	**Mai**	**Jun**	**Jul**	**Aug**	**Sep**	**Okt**	**Nov**	**Dez**
Produktkategorie 1													
Verkaufte Stück		10	15	20	25	30	30	30	30	30	40	60	60
Durchschnittlicher Verkaufspreis		121 €	121 €	121 €	121 €	121 €	121 €	121 €	121 €	121 €	121 €	121 €	121 €
Resultierender Umsatz		1.210 €	1.815 €	2.420 €	3.025 €	3.630 €	3.630 €	3.630 €	3.630 €	3.630 €	4.840 €	7.260 €	7.260 €
davon Einkaufspreis	72 €	720 €	1.080 €	1.440 €	1.800 €	2.160 €	2.160 €	2.160 €	2.160 €	2.160 €	2.880 €	4.320 €	4.320 €
davon Gebühren	5 %	61 €	91 €	121 €	151 €	182 €	182 €	182 €	182 €	182 €	242 €	363 €	363 €
Produktkategorie 2													
Verkaufte Stück		0	0	10	15	20	25	30	30	30	40	60	60
Durchschnittlicher Verkaufspreis		0 €	0 €	85 €	85 €	85 €	85 €	85 €	85 €	85 €	85 €	85 €	85 €
Resultierender Umsatz		0 €	0 €	850 €	1.275 €	1.700 €	2.125 €	2.550 €	2.550 €	2.550 €	3.400 €	5.100 €	5.100 €
davon Einkaufspreis	52 €	0 €	0 €	520 €	780 €	1.040 €	1.300 €	1.560 €	1.560 €	1.560 €	2.080 €	3.120 €	3.120 €
davon Gebühren	5 %	0 €	0 €	43 €	64 €	85 €	106 €	128 €	128 €	128 €	170 €	255 €	255 €
Produktkategorie 3													
Verkaufte Stück		0	0	20	30	40	50	60	60	60	80	100	100
Durchschnittlicher Verkaufspreis		0 €	0 €	21 €	21 €	21 €	21 €	21 €	21 €	21 €	21 €	21 €	21 €
Resultierender Umsatz		0 €	0 €	420 €	630 €	840 €	1.050 €	1.260 €	1.260 €	1.260 €	1.680 €	2.100 €	2.100 €
davon Einkaufspreis	14 €	0 €	0 €	280 €	420 €	560 €	700 €	840 €	840 €	840 €	1.120 €	1.400 €	1.400 €
davon Gebühren	5 %	0 €	0 €	21 €	32 €	42 €	53 €	63 €	63 €	63 €	84 €	105 €	105 €
Umsatz (Plan)		**1.210 €**	**1.815 €**	**3.690 €**	**4.930 €**	**6.170 €**	**6.805 €**	**7.440 €**	**7.440 €**	**7.440 €**	**9.920 €**	**14.460 €**	**14.460 €**
davon variable Kosten/ Wareneinsatz		781 €	1.171 €	2.425 €	3.247 €	4.069 €	4.500 €	4.932 €	4.932 €	4.932 €	6.576 €	9.563 €	9.563 €

Unser Kommentar

Um ihre Umsatzplanung trotz der im Zeitverlauf wechselnden Produkte übersichtlich und einfach zu halten, hat Frau Rautenberg diese in drei Kategorien unterteilt:

- Kategorie A umfasst Produkte, deren durchschnittlicher Verkaufspreis bei 145 Euro liegt, also bei 121 Euro netto. Der Einkaufspreis in dieser Kategorie liegt bei durchschnittlich 72 Euro (MP3-Player, Organizer, DVD-Rekorder).
- Kategorie B enthält Produkte, die für durchschnittlich 100 Euro verkauft werden, also für 85 Euro netto. Hier beträgt der Einkaufspreis durchschnittlich 52 Euro.
- Kategorie C beinhaltet Produkte, die für etwa 25 Euro, also für 21 Euro netto angeboten und für 14 Euro eingekauft werden.

Die Einkaufspreise enthalten Kosten für Fracht und Zoll. Bei jeder Transaktion schlagen die eBay-Gebühren mit rund fünf Prozent des Verkaufspreises zu Buche.

Versandkosten tauchen in der Umsatzplanung von Frau Rautenberg nicht auf, da diese vom Käufer getragen werden.

Was die Verkaufszahlen angeht, nimmt die Gründerin an, dass es einige Monate dauert, bis die Produkte bei den eBay-Käufern bekannt sind und ihre Qualität durch mehrere positive Bewertungen bestätigt wurde. Frau Rautenberg berücksichtigt zudem, dass die Umsätze in den Monaten vor Weihnachten mindestens doppelt so hoch sein werden wie sonst.

Da bei eBay Vorkasse üblich ist, bezahlen alle Käufer im selben Monat.

Frau Rautenberg erreicht so im ersten Jahr einen Umsatz von knapp 86.000 Euro. Dem stehen fast 57.000 Euro für Wareneinkäufe und Gebühren gegenüber.

Beispiel: Ayurvedisches Gäste- und Seminarhaus

Geschäftsmodell

Das Gründerteam des Ayurveda-Hofs Engel bietet in einem denkmalgeschützten Haus im Allgäu ein besonderes Umfeld für Seminare, Kuren, Ferien und Feste. Neben der Unterbringung und Bewirtung der Gäste werden Yogakurse, Massagen und andere Behandlungen angeboten.

Umsatzplan													
Monat		**Jun**	**Jul**	**Aug**	**Sep**	**Okt**	**Nov**	**Dez**	**Jan**	**Feb**	**März**	**Apr**	**Mai**
Werk-/Öffnungstage im Monat		30	31	31	30	31	30	31	31	28	31	30	31
davon Urlaub/geschlossen		0	0	0	0	0	0	9	6	0	0	0	0
Anzahl Betten		14	14	14	14	14	14	14	14	14	14	14	14
Durchschnittlicher Übernachtungspreis		37 €	37 €	37 €	37 €	37 €	37 €	37 €	37 €	37 €	37 €	37 €	37 €
Auslastung		30 %	20 %	25 %	25 %	20 %	20 %	20 %	30 %	30 %	30 %	25 %	35 %
Übernachtungsumsatz/Monat		**4.662 €**	**3.212 €**	**4.015 €**	**3.885 €**	**3.212 €**	**3.108 €**	**2.279 €**	**3.885 €**	**4.351 €**	**4.817 €**	**3.885 €**	**5.620 €**
davon variable Kosten/Wareneinsatz	25 %	1.166 €	803 €	1.004 €	971 €	803 €	777 €	570 €	971 €	1.088 €	1.204 €	971 €	1.405 €
Getränke Gast/Tag		4	4	4	4	4	4	4	4	4	4	4	4
Verkaufspreis Getränke		1,50 €	1,50 €	1,50 €	1,50 €	1,50 €	1,50 €	1,50 €	1,50 €	1,50 €	1,50 €	1,50 €	1,50 €
Getränkeumsatz/Monat		**756 €**	**521 €**	**651 €**	**630 €**	**521 €**	**504 €**	**370 €**	**630 €**	**706 €**	**781 €**	**630 €**	**911 €**
davon variable Kosten/Wareneinsatz	40 %	302 €	208 €	260 €	252 €	208 €	202 €	148 €	252 €	282 €	313 €	252 €	365 €
Mieteinnahmen Ferienwohnung		**450 €**	**450 €**	**450 €**	**450 €**	**450 €**	**450 €**	**450 €**	**450 €**	**450 €**	**450 €**	**450 €**	**450 €**
Mieteinnahmen Massageräume		**1.103 €**	**760 €**	**949 €**	**919 €**	**760 €**	**735 €**	**539 €**	**919 €**	**1.029 €**	**1.139 €**	**919 €**	**1.329 €**
Umsatz gesamt		**6.971 €**	**4.942 €**	**6.065 €**	**5.884 €**	**4.942 €**	**4.797 €**	**3.638 €**	**5.884 €**	**6.536 €**	**7.188 €**	**5.884 €**	**8.311 €**
davon variable Kosten/Wareneinsatz		1.468 €	1.011 €	1.264 €	1.223 €	1.011 €	979 €	718 €	1.223 €	1.370 €	1.517 €	1.223 €	1.770 €

Unser Kommentar

Zu Beginn steht die Berechnung der Kapazität des Hauses. Dazu wird die Anzahl der Öffnungstage mit der Zahl der Betten multipliziert. In der Zeile darunter folgt der durchschnittliche Übernachtungspreis ohne Umsatzsteuer. Es wurde eine Mischkalkulation aus Einzel- und Doppelbelegung der Zimmer, die jeweils mit zwei Betten ausgestattet sind, angewendet.

Kernannahme der Umsatzplanung ist die Auslastung der zur Verfügung stehenden Betten. Im (hier nicht wiedergegebenen) Textteil hat das Gründerteam bereits dargestellt, dass die durchschnittliche Kapazitätsauslastung der Beherbergungsbetriebe über neun Betten in Bayern knapp 36 Prozent beträgt. Diese Quote will das Gründerteam durch Betonung seiner Alleinstellungsmerkmale langfristig übertreffen, es rechnet aber zunächst mit einer zwölfmonatigen Anlaufphase.

Die Auslastung im Eröffnungsmonat wird vergleichsweise hoch angesetzt, danach folgt ein Rückgang bis auf 20 Prozent in den kühleren Monaten. Im Januar, Februar und März wird dann wegen der Nähe zu einigen attraktiven Skigebieten mit einer höheren Auslastung gerechnet. Sie geht im April wieder zurück, um im wärmeren Mai den vorläufigen Zielwert von 35 Prozent zu erreichen.

Für Zimmerreinigung, Wäschereikosten und Frühstückszutaten werden variable Kosten in Höhe von 25 Prozent angenommen.

Der Verzehr von Getränken pro Gast und Tag wurde mit vier Stück bewusst hoch angesetzt, da bei Festen und an Tagen mit schönem Wetter auch Gäste bewirtet werden, die nicht im Haus übernachten.

Hinzu kommen 450 Euro Mieteinnahmen für die Ferienwohnung im ersten Stock. Sie sollen in der Anlaufphase vor allem durch Langzeitmieter sichergestellt werden. Außerdem ergeben sich Einnahmen durch die Vermietung der Massageräume an externe Ayurveda-Masseure. Wie hoch diese ausfallen, hängt von der Gästezahl im betreffenden Monat ab.

So ergibt sich ein Gesamtumsatz von rund 71.000 Euro im ersten Jahr. Knapp 15.000 Euro davon entfallen auf variable Kosten beziehungsweise den Wareneinsatz.

Da die Bewirtung mit Vollpension in der Startphase nur ausnahmsweise angeboten wird, sind diese Umsätze in der Planung noch nicht berücksichtigt.

7. Ihre Zahlen visualisiert: die grafische Aufbereitung

Mit Diagrammen unterschiedlicher Art stellen Sie die Kernaussagen Ihres Zahlenteils kompakt und übersichtlich dar. Der Leser kann mit einem Blick erkennen, worum es geht, ohne dass er die Details erst mühselig aus den angegebenen Zahlen herausfiltern muss. Zudem zeigen Sie, dass Sie Ihr eigenes Datenmaterial systematisch verarbeiten können und dass Sie die Zusammenhänge zwischen den Teilbereichen verstanden haben.

Beispiel: Haushaltshilfe für Singles und berufstätige Paare

Geschäftsmodell

Irmgard Kaiser unterstützt Menschen bei der Bewältigung der täglichen Aufgaben im Haushalt. Die Zielgruppen bilden Singles sowie Familien, in denen beide Partner berufstätig sind.

1 Die größten Kostenblöcke bei den Investitionen (gesamt: 2.125 Euro) bilden 825 Euro für Ausgaben im direkten Zusammenhang mit der Gründung sowie 700 Euro für EDV.

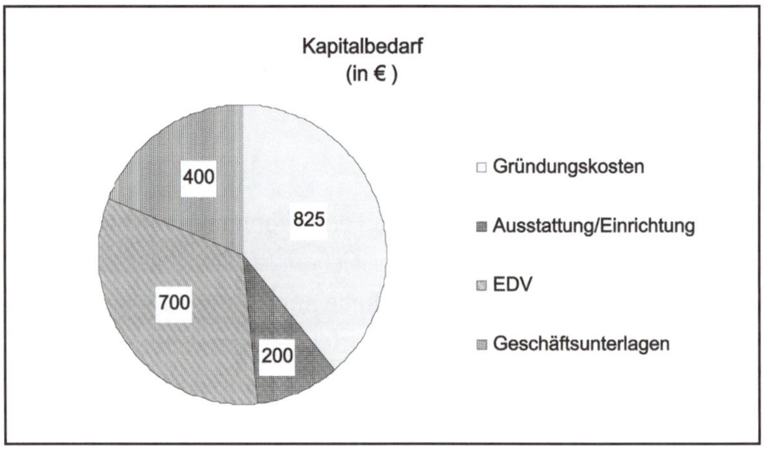

2 Die Gründung wird zu 68 Prozent aus Eigenkapital und zu 27 Prozent durch Darlehen von Verwandten finanziert. Hinzu kommen etwa fünf Prozent Sacheinlagen.

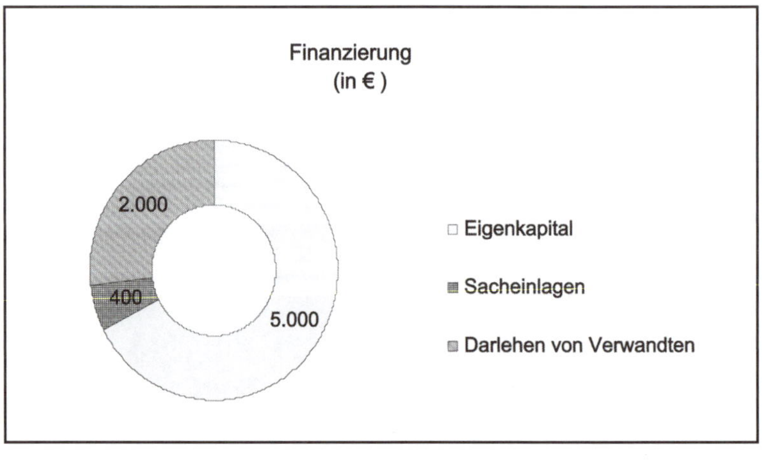

Unser Feedback

1

Kapitalbedarf: Tortendiagramm

Für die Darstellung des Kapitalbedarfs ist ein Tortendiagramm gut geeignet, da darin die Größenordnungen der einzelnen Kostenblöcke gut veranschaulicht werden können. Frau Kaiser hat die einzelnen Posten zu vier übersichtlichen Blöcken zusammengefasst. Der Wert der einzelnen „Tortenstücke" ist in die Grafik eingetragen und damit auf den ersten Blick erkennbar. In der Erläuterung zum Diagramm nennt Frau Kaiser auch die Gesamtsumme der Kosten. Die Darstellung enthält damit alle erforderlichen Informationen!

2

Finanzierung: Tortendiagramm

Für die Finanzierung wurde eine Variante des Tortendiagramms gewählt. Gelungen ist die Umrechnung der absoluten Zahlen in Prozentwerte im Kommentar. Nicht genannt wird die Gesamtsumme der Einlagen. Da sich diese jedoch sehr leicht im Kopf ausrechnen lässt, kann auf diese Angabe ausnahmsweise verzichtet werden.

Beispiel: Haushaltshilfe für Singles und berufstätige Paare (Fortsetzung)

Im ersten Jahr bleibt vom Umsatz in Höhe von fast 15.000 Euro ein Gewinn von knapp 6.000 Euro. Langfristig stabilisiert sich der Umsatz bei ca. 22.000 Euro, der Gewinn bei etwa 18.000 Euro.

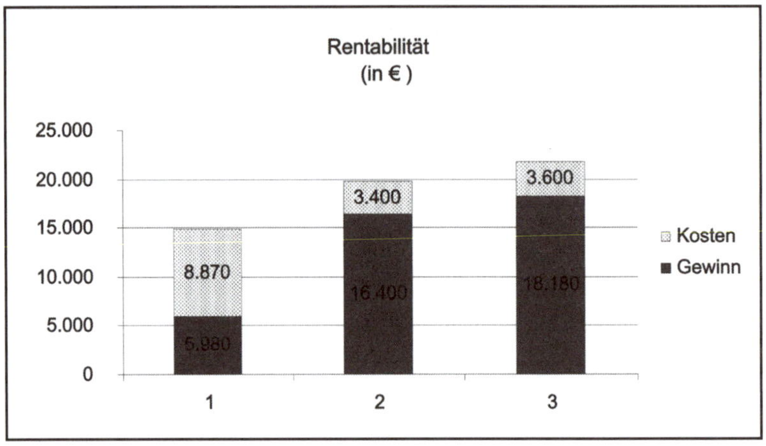

Die Liquidität zum Geschäftsstart beträgt 2.059 Euro und erreicht ihr Minimum bei 1.696 Euro. Am Ende des Jahres liegt sie bei 2.376 Euro. Dabei sind die Privatentnahmen sowie der Gründungszuschuss bereits berücksichtigt. Dessen Reduzierung von 1.380 Euro auf 300 Euro im Januar erklärt den Rückgang der Liquidität zum Jahresanfang.

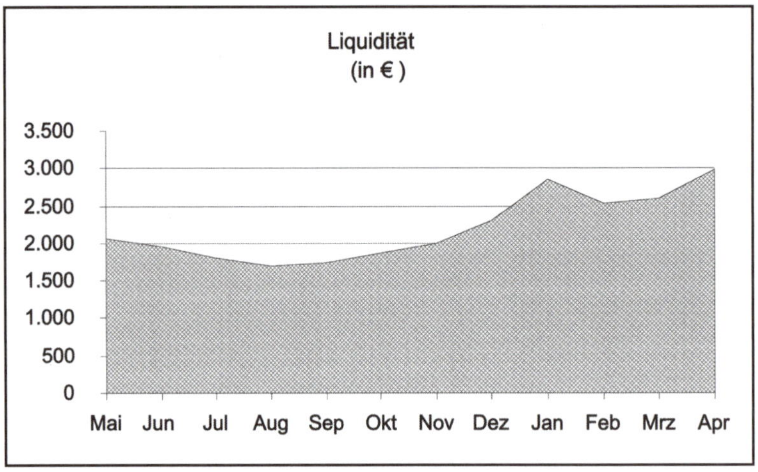

Unser Feedback (Fortsetzung)

3

Rentabilität: Säulendiagramm

Diese Abbildung ermöglicht es, die Kosten, Gewinne und damit auch die Umsätze der ersten drei Jahre auf einen Blick nachzuvollziehen. Der untere Teil der Säule weist den Gewinn aus, zu dem im oberen Teil die Kosten hinzukommen. Beide Blöcke zusammen ergeben den Umsatz, dessen Höhe sich an der Skala links ablesen lässt. Auch dieses Diagramm ist rundum gelungen.

4

Liquidität: Flächendiagramm

Die Liquidität darf zu keinem Zeitpunkt unter null sinken. Eine jährliche Betrachtung reicht deshalb nicht aus, besser ist eine Betrachtung auf Monatsbasis. Das von Frau Kaiser gewählte Flächendiagramm eignet sich gut hierfür. Erfreulich ist auch, dass sie im Kommentar erläutert, welche Annahmen der Planung zugrunde liegen, und den zwischenzeitlichen Liquiditätsrückgang am Jahresanfang erklärt.

Fazit

Frau Kaisers Grafiken runden den Zahlenteil ihres Businessplans ab, da sie das Wesentliche noch einmal auf den Punkt bringen. Vor allem, wer seinen Businessplan für Banken oder Investoren schreibt, sollte sich die Zeit nehmen, Grafiken zu erstellen – die benannten Adressatenkreise sind derartige Visualisierungen gewohnt. Sie werten sie in der Regel als ein Zeichen für die Professionalität eines Geschäftskonzepts.

Tipp

Zum Erstellen von Grafiken

Wenn Sie wirkungsvolle Grafiken erstellen wollen, benötigen Sie keine besondere Software. Die Funktionen der Tabellenkalkulation *Excel* reichen dafür völlig aus. Legen Sie in Ihrem Zahlenteil ein Arbeitsblatt „Grafiken" an. Tragen Sie dann in die Zeilen diejenigen Kategorien ein, die Sie in der Grafik abbilden möchten – bei Finanzierung also beispielsweise Eigenkapital, Sacheinlagen und Darlehen von Verwandten. Diese Werte können Sie dann mittels Verknüpfungen direkt an den Stellen entnehmen, an denen sie in Ihrem Excel-Dokument vorkommen.

Wenn die neue Tabelle vollständig ist, wählen Sie bei „Einfügen" den Unterpunkt „Diagramm": Der Diagramm-Assistent führt Sie dann durch die Anleitung zum Erstellen der Grafik. Hilfestellungen dazu finden Sie im Internet oder in einer der zahlreichen Handreichungen zur Software *Excel*.

III. Zubehör zum Plan: der Anhang

Im Anhang Ihres Businessplans ist Platz für Unterlagen, mit denen Sie Ihre Aussagen und Zahlen in den vorhergehenden Kapiteln untermauern können. Hierhin gehören aber auch diejenigen Dokumente, deren Inhalt Sie im Hauptteil des Businessplans aus Platzgründen nur kurz anschneiden konnten, zum Beispiel eine detaillierte Produktbeschreibung oder eine Preisliste.

Der Abschluss-Check

Haben Sie an alle Anlagen gedacht? Nutzen Sie unsere Checkliste, damit Sie nichts Wichtiges vergessen.

Personaldokumente	erledigt
• Lebenslauf	
• Zeugnisse	
• Erfahrungsbelege	
• Wettbewerbsunterlagen	
• Urkunden	
• Auszeichnungen	
Für die Beantragung von Gründungszuschuss oder Einstiegsgeld müssen Sie gegenüber der Arbeitsagentur das Gründungsdatum durch Kopie der Gewerbeanmeldung oder bei Freiberuflern der Anmeldung beim Finanzamt nachweisen.	
Außerdem müssen Sie die Antragsformulare inklusive Stellungnahme der fachkundigen Stelle vorlegen.	
Die in Ihrer Branche gegebenenfalls nötigen Genehmigungen und Nachweise (siehe Seite 48f.)	
Verträge und Vertragsentwürfe	
• Gesellschafterverträge	
• Geschäftsbedingungen	
• Kooperationsverträge	
• Franchise-Vertrag	
• Handelsvertreter-Vertrag	
Bei Übernahmen und Beteiligungen gehören in den Anhang auch die letzten Jahresabschlüsse des Betriebs.	
Absichtserklärungen („Letters of Intent"), zum Beispiel von Referenzkunden oder potenziellen Partnern	
Marketingunterlagen	
• Marktforschungsergebnisse	
• Umfrageergebnisse	
• Adresslisten	
Technische Unterlagen	
• Screenshots	
• Produktfotos	
• Prospekte	
• Datenblätter	
• Patentschriften	
• Gutachten	
• Schaubilder	
CD mit Demosoftware, falls der Vertrieb einer Software Gegenstand Ihres Unternehmens ist.	
Weiterführende Finanzunterlagen (Kalkulationsdetails, detaillierte Finanztabellen)	

Mehr als ein Buch: weitere Serviceleistungen

Viele tausend geförderte Gründer haben mithilfe unserer Website www.jeder-ist-unternehmer.de beziehungsweise www.gruendungszuschuss.de und des dort angebotenen Businessplan-Tools bereits erfolgreich Förderung und Bankkredite beantragt. Sie alle standen beim Schreiben des Businessplans vor derselben Herausforderung wie Sie jetzt. Auf der Grundlage von Fragen und Anregungen unserer Nutzer haben wir dieses Buch sowie eine Reihe von Serviceleistungen entwickelt, die Ihnen dabei helfen werden, schneller und sicherer zu einem überzeugenden Businessplan zu gelangen:

- In zahlreichen Städten bieten wir unseren speziellen Businessplan-Workshop an, der das vorliegende Buch sowie den *stern*-Ratgeber „Businessplan" ergänzt und Ihnen dabei hilft, den Businessplan schnell in die Tat umzusetzen.
- Die Angst vor dem Zahlenteil nimmt Ihnen unser 10.000-fach bewährtes Businessplan-Tool. Sie beantworten einen gut verständlichen Fragebogen, und mit jeder Antwort füllt sich Ihr Businessplan Stück für Stück aus. Das Angebot umfasst auch ein Template für den Textteil des Businessplans.
- Wenn Sie Gründungszuschuss oder Einstiegsgeld beantragen, helfen wir Ihnen bei der Suche nach der passenden fachkundigen Stelle oder übernehmen die fachkundige Stellungnahme selbst. Mit unserer Businessplan-Optimierung erhalten Sie innerhalb kürzester Zeit ein fundiertes Feedback zu Ihrem Unternehmenskonzept.
- Wenn Sie einen Bankkredit aufnehmen wollen, die Übernahme eines bestehenden Unternehmens planen, Unterstützung beim Schreiben Ihres Businessplans benötigen oder kompetentes Feedback zur Tragfähigkeit Ihrer Geschäftsidee wünschen, so empfehlen wir Ihnen gerne einen kompetenten Existenzgründungsberater in Ihrer Nähe. Häufig sind solche Beratungen förderfähig. Wir informieren Sie in einem kostenlosen Vorgespräch, welche Förderung für Sie infrage kommt.
- Unser Netzwerk für Existenzgründer und Selbständige auf Basis von Xing.com mit mehr als 80.000 Mitgliedern bietet die Möglichkeit, Fragen zu allen Aspekten des Businessplans und der Selbständigkeit mit Experten und Selbständigen zu diskutieren sowie andere Gründer und Geschäftspartner kennenzulernen.
- Sicher sind Ihnen im Buch die zahlreichen Service-Links aufgefallen. Auf unserer Website stellen wir Ihnen über die Inhalte des Buchs hinausgehende Informationen sowie Daten, die sich häufig ändern, in stets aktueller Version zur Verfügung.
- Damit Sie keine wichtigen Neuerungen zum Thema verpassen, können Sie zudem unseren kostenlosen Newsletter abonnieren. Mit mehr als 80.000 Abonnenten gehört er zu den meistgelesenen Newslettern zu den Themen Gründung und Selbständigkeit.

Weitere Informationen zu all diesen Aktivitäten und Serviceangeboten finden Sie unter www.jeder-ist-unternehmer.de.

Stichwortverzeichnis

Abläufe 119ff., 125
Adresse des Unternehmens 31
Aktionsradius 51ff., 61, 78
Alleinstellungsmerkmal 91ff., 97f.
Anhang zum Businessplan 184f.
Arbeitsräume 33
Aufgabenverteilung 43
Aufzählung 103, 109
Average Case 149ff.

Bekanntes Berufsbild 29
Beratungsförderung 25
Best Case 149ff.
Break-even 147, 163
Brillenmanufaktur 84ff.
Buchhaltungsservice 58ff.
Businessgrafiken 70ff., 178ff.
Businessplan-Tool 153, 185
Chancen und Risiken 131ff.
Coaching 25, 80, 134f.
Corporate Design (CD) 118
Corporate Identity (CI) 104f., 109, 113ff., 118
Cross- und Up-Selling 139

Deckblatt 13ff.
Direkter/indirekter Vertrieb 107, 116
Direktmarketing 30, 118
Durchschnittspreise 80, 158f.

eBay-Handel 174f.
Eigene Markterhebung 71
Einkommensteuer 169
Eintragung ins Handelsregister 36f.
Einzelhandel 18, 24f., 82f., 90f., 174f.
Elektrotechnik 28f.
Elevator Pitch 35
E-Mail-Adresse 15
Er oder sie (dritte Person) 10
Erlaubnispflichtige Tätigkeiten 48f.
Executive Summary 19ff.

Fachbegriffe 10, 45, 133
Fachliche Qualifikation 39ff.
Finanzierungsplan 156f.
Finanzplanung 153ff.
Firmenkunden (B2B) 55ff., 62, 93
Fixkosten 160
Flächendiagramm 181
Fließtext versus Stichworte 23ff., 41, 97, 123
Floskeln 43
Flussdiagramm 128
Formatierungen 10
Freiberuflich oder gewerblich? 33ff.
Fremdkapital 145ff., 156f.
Fundraising-Agentur 30f.

Gäste- und Seminarhaus 176f.
Gastronomie 42f., 49, 70ff., 176f.
Geschäftsmodell 171ff.
Geschützte Berufsbezeichnungen 49f.
Gewerbliche Tätigkeiten 36
Gliederung 11, 21, 31
Grafikdesign 106f., 146f.
Großhandel 150f.
Gründungsdatum 14, 27, 33, 184
Gussmodelle aus Kunststoff 40f.
Gutscheine 107

Handelsunternehmen 120f.
Handwerksbetrieb 14, 28f., 49
Harte/weiche Kriterien 62
Haushaltshilfe 178ff.
Holzdienstleistungen 96ff.

Ich- oder Wir-Form (erste Person) 10
Immobilienmakler 122f.
Ingenieurbüro 166f.
Inhaltsverzeichnis des Businessplans 17ff.
IT-Dienstleistungen 54ff.

Kalkulatorischer Unternehmerlohn 166ff.
Kapitalbedarfsplan 154f.
Katalogberufe 35f.
Kfz-Werkstatt 14
Klarheit und Konsistenz 10, 123
Klassische Werbung 117

Kostenplan 160f.
Kriterienbasierte Analyse 83
Kundenbedürfnisse 53, 57
Kundennutzen 89ff.

Lebenshaltungskosten 168
Leserorientierung 10
Lieferservice 90f.
Liquiditätsplan 164f.
Logikbaum 57
Lokale und regionale Märkte 78

Makler 122f.
Markenberatung 92ff.
Markenschutz 37
Marketinginstrumente 81, 103, 116f.
Marktanalyse 67ff., 77f.
Marktanteil 65, 68f., 77f., 85, 136
Markteintrittsphase 107, 116f.
Marktforschungsinstitute und Alternativen 77
Marktschwankungen 73
Marktvolumen 53, 67, 77f.
Massagepraxis 154ff.
MECE-Methode 55, 63
Meilenstein-Planung 116ff.
Messbare Zielgrößen 137
Mission 139
Mitarbeiterplanung 121, 129
Motivation zur Selbständigkeit 41, 43

Nachhilfeschule 124ff.
Namensfindung 36f., 103
Networking 118
Nummerierung der Kapitel 21

Onlinemarketing 103, 116ff.
Onlineportal 66ff.
Onlineshop 24f.
Organigramm 129
Organisation 119ff.
Outsourcing 129

Pareto-Prinzip („80/20-Regel") 61
Personaldienstleister 136f.
Persönliche Eignung 39ff.
Physiotherapie 44ff.
Portfolio 62f.
Positionierung 89ff.
Positionierungsmatrix 99
Preisliste 33, 59, 183
Preisspanne 20, 31
Pressearbeit 118
Priorisieren der Kundengruppen 55, 61
Privatkunden (B2C) 55ff., 62, 89
Produkte 27ff., 33

Quellen für Marktanalyse 77
Quellenangaben 73

Rechtsform 27, 36f.
Rentabilitätsplan 162f.
Restaurant 42f., 70ff.

Säulendiagramm 181
Schachtelsätze 93
Schlagwörter 93, 109
Schmuckgeschäft 18
Schnellrestaurant 42f.
Schuhgeschäft 82f.
Segmentierung nach Vertriebsweg 53
Seitenumfang 11
Selbstbewusstsein 59
Seminaranbieter 80f., 172f., 185
Seniorenbetreuung 52f.
Silbentrennung 123
Software-Entwicklung 20ff., 132f.
Spannungsbogen 11f.
Sprachtraining 16, 102ff.
Stärken und Schwächen 81, 135, 138f.
Stellenbeschreibung 129
Stellschrauben 149, 151
Stundensatz 20, 31, 112ff., 146
Subjektive Einschätzungen 69, 83
SWOT-Analyse 138f.
Szenarioanalyse 149ff.

Tagessatz 31, 34, 147, 172ff.
Tätigkeitsberufe 36
Taxigewerbe 49
Teamgründung 11, 18, 43, 50
Telefonmarketing und -akquise 118, 172f.
Telefonnummer 15
Textteil des Businessplans 9ff.
Textumfang 11
Titel des Businessplans 15
Tortendiagramm 179

Trends 75f.
Turnierbüro 32ff.

Überregionale Märkte 77
Übersichtstabelle 56f.
Unique Selling Proposition (USP) 91ff., 97f.
Umsatzplan 158f., 172ff.
Umstandsmode 24f.
Unternehmen 27ff.
Unternehmensberatung 25, 110ff.
Unternehmensprofil im Vergleich 100

Veranstaltungsmarketing 118
Veranstaltungstechnik 74ff.
Vertrauensgewerbe 49
Verzögerungen bei Zahlungseingängen 173
Vision 139
Vorgespräche 111
Vorwissen der Leser 33, 103

Werbemittel 117
Werbewirkung 116
Wettbewerbsanalyse 79ff.
Wiederholungen 10, 91, 93
Worst Case 149ff.

Zahlenteil des Businessplans 141ff.
Zeitlicher Planungshorizont 142
Zeitplanung 116ff.
Zielausrichtung 10f.
Zielgruppe 51ff.
Zukunftsperspektiven 131ff.